在那不勒斯，我的城市。

致西尔瓦那，她塑造了我。

"有时候，我们最大的本领源于自身的领悟，而非拜人所赐。"
——《美味学校》（*L'Ecole des Saveurs*）艾瑞卡·鲍尔梅斯特

PIZZA

ALBA PEZONE

【意】阿尔芭·佩佐内（Alba Pezone） 著
【法】劳伦斯·穆通（Laurence Mouton） 摄影

×

王大莹　孙晓丹　译

中国轻工业出版社

引言

> "阿尔芭,去哪儿能吃到好吃的比萨?"
>
> "那不勒斯!"

不知道我的学生问过我多少遍这个同样的问题……

这几年来,我在巴黎开了一所意大利厨艺学校。其实我的学生是想知道在巴黎吃比萨的好去处,然而我却始终只有一个答案:那不勒斯……

这本书是一份示爱与告白——对比萨,也对这座城市,我的城市。

何需我来赘言,一张美味的比萨会告诉你更多,讲述那不勒斯——美食供给的慷慨丰盛,还有这座城市动人心魄的美和富有创造性的基因。

从一张比萨到另一张比萨,这本书使我缔结了一个朋友圈。

五位比萨饼师将他们的食谱连同制作秘诀交付于我:

恩佐·科西亚、弗兰考·培培、西罗·科西亚、基诺·索比罗和恩佐·皮奇里罗。

他们都是我最喜欢的比萨师:我会根据自己需要的口味和当天的心情来选择去见他们其中的哪一位。

比萨自带性格。他们制作的比萨将他们联系在一起:讲述他们各自的故事,不同的轨迹历程。

比萨是人民艺术中的一项杰作,一个绝妙的创造发明,一个美食的奇迹。比萨被热爱、被模仿,而渐渐脱离了那不勒斯,走向了世界……在这个过程中,有时候难免遇到些许"水土不服"。

因此重新回到那不勒斯——比萨的发源地,来讲述比萨也是十分必要的。

热爱美食的人们,这本书是献给你们的。

阿尔芭·佩佐内(Alba Pezone)

五位比萨师将他们的食谱连同制作秘诀交付于我。

卡亚佐

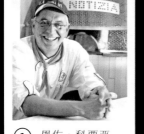

① 恩佐·科西亚
报道比萨店

④ 基诺·索比罗
索比罗比萨店

② 弗兰考·培培
培培老风味酒馆 &
比萨店

⑤ 恩佐·皮奇里罗
拉·马萨尔多娜比
萨店

③ 西罗·科西亚
幸运比萨店

目录

恩佐 · 科西亚（ENZO COCCIA）

报道比萨店（*PIzzAria La Notizia*）

做比萨，是一件严肃的事情！

那不勒斯比萨"教皇"——恩佐·科西亚

恩佐·科西亚（Enzo Coccia）作为一名比萨大厨，我们很难将他归到某个特定的流派，他挑剔苛求，不安于现状，锲而不舍且终有所得！

这位那不勒斯比萨在意大利本国和国外的代言大使，来自一个比萨师世家。"光会揉面可不够"，他对我丑话在先。如我所言，他可不是个好打发的人……

不过他说的确实没错。不懂使用燃木比萨炉，又怎么能做出一张好比萨？恩佐自己的燃木比萨炉是由斯特凡诺·费拉拉（Stefano Ferrara）根据他要求的规格量身定制的。

不熟知各种品类番茄的肉质与口味，不能熟练掌握面团配制比例的高难度艺术，又怎么能做出一张好比萨？

"比萨上的橄榄油用量需要考虑到马苏里拉奶酪中的脂肪含量"，恩佐对我解释道。"油放太多的话，比萨就是一个大油洼。"然后他扮了个鬼脸……

在比萨上加配料的顺序可是个相当精巧的工艺，需要使每一种配料都能相得益彰。

恩佐的每一张比萨都是一座平铺的建筑，等待有心的食客用刀叉揭开它们的面纱……

如何切分马苏里拉奶酪？需要顺着它的纹理，以及恰到好处的用力和方向。否则呢？否则热度会使马苏里拉奶酪悲剧地流出很多乳清，从而浸没了比萨……

这很简单，不是吗？一种几乎失去了平衡的纯粹，一种自我质疑和精益求精的渴望。

"La pizza è una cosa seria."[1]做比萨，是一件严肃的事情。严苛、完美主义者，恩佐就是如此。

恩佐最早在他奶奶的家族比萨店"幸运"（Fortuna）工作，位于火车站附近的街道里。

1995年，他决定开办"属于自己"的比萨店——"报道"（La Notizia），意为向奥逊·威尔斯的电影《公民凯恩》致敬。

在这座城市的另一头，离火车站很远的地方：在卡拉瓦乔（Caravaggio）高地，一条漂亮的可以俯瞰波西利波丘陵（la colline de Posillipo）全景的小街上。

他就是要在这个完全不适合开比萨店的地方开启自己革命性的尝试！

恩佐的比萨店（至今有两家）不叫"pizzeria"，而叫"pizzAria"——以一种复古的方式命名。他所有的发力点，都在于这个元音字母的变化上。

恩佐随之颠覆了比萨制作的一切条条框框，甚至包括吃比萨的"态度"——在恩佐的店里，比萨不是"吃"的，而是"品"的。

他全新的pizzAria于2010年开业，是一个充满了当代感的地方：能容纳30来人，一台精致的玻璃冷藏柜，加上葡萄酒和精酿啤酒，占据了整整一面墙，向来人展示着那些装点比萨的美食——典雅、卓越、被爱戴和追崇的美食们。

这位比萨大厨的工作安排——恩佐经常穿梭于店内，他把自己的时间平均安排在两家pizzAria比萨店里。比萨炉就在大厅里，而后厨则用来揉制面团和发酵——温度和湿度需要控制在不影响面团品质的范围内。

恩佐和他的团队每天早上很早就开始揉面，然后等待面团慢慢发酵。这个过程非常慢，要12-14个小时，一直到晚上。

① "La pizza è una cosa seria."为意大利文，意为：做比萨，是一件严肃的事情。——译者注

做比萨，是一件严肃的事情……所谓"慢工出细活！"

这样的结果就是：午餐时间没有比萨，"报道"中午关门不营业！

到了晚上，有多少生面团就烤多少比萨：面团用完了，就没有了，"报道"也就关门了！

所以千万别来得太迟，那样会令人非常扫兴：满心期待着恩佐的一张比萨饼，却腹中空空而归……

盘中方寸之间的一张比萨，糅合了多少精益求精的美食工艺。却被怀疑论者视作"简单而廉价"的美食。

在恩佐家，简单不代表敷衍，大众不等于廉价。

简单，比萨的确需要简单——一种表象的，令人惊奇的简单。

比萨是大众的，但是用优质食材制成的：这就是恩佐的抱负。

他的那不勒斯比萨是一种汇聚了文化、身份认同、地理和历史的表达，是可食用的文化。

玛利亚娜比萨和玛格丽特比萨是 A.O.C.[1]级别的。其他的比萨上也汇聚了稀有的A.O.C.圣玛扎诺番茄、A.O.C.维苏威钟摆番茄、切塔拉鳀鱼露、新鲜奶酪丝、波多利科马背奶酪、卡塞塔（Caserta）的黑

猪肉、水牛奶蓝纹奶酪、水牛后腰腿、齐伦托白无花果、布雷绍拉风干水牛肉火腿……

通往美食天堂的入场券确实有点贵，但是情感是可以用金钱来衡量的吗？

恩佐只相信品质和这份职业的魅力。他作为比萨大厨的哲学是从普里莫·莱维那里获得的。普里莫·莱维在他的小说《扳手》（*La Clé à molette*）中写道："众所周知，'自由'这个词有许多含义。也许，最容易得到的，我们以主观的方式最常体味到的，也最人性化、最实用的自由，无非是胜任自己的本职工作并且满心欢喜地去做罢了。"

报道比萨店（PIZZARIA LA NOTIZIA）

地址：Via Michelangelo da Caravaggio,53/55

电话：+39 081 7142155

Via Michelangelo da Caravaggio,94/A

电话：+39 081 19531937

80126 Napoli

周一休业。周二至周四晚上营业。

www.enzococcia.i

e-mail：info@pizzaconsulting.it

① A.O.C.：是Appellation Origin Controlee 的缩写，直译为欧洲原产地命名控制。——译者注

比萨面团的制作

制作：30分钟
发酵：6~8小时

制作10~11个质量为220~250克的面团

0.5升那不勒斯的水（巴黎或者其他地方的水也完全可以！），水温10~14℃（凉水）为宜

25克细海盐

2.5~3克面包酵母（在约25℃的室温中发酵6~8小时）

900~950克00面粉[1]（如Caputo[2]或Spadoni品牌）

1. 在面盆中加入水、盐和酵母并搅拌，然后慢慢地将面粉撒入，搅拌均匀。

2&3. 用力揉面，双掌分别轻轻揉压，使渐渐形成的面团充分氧化，直至柔软并且表面光滑。动作需要像专业和面机的手柄那样。恩佐说，这样可以增大酵母的效用，并能扩展面筋，与空气亲密接触。

4. 当面团吸收了所有的面粉（面盆内壁和底部都不再粘有面粉的时候），从盆中拿出面团，放在撒了薄薄一层面粉的工作台上，以按压延展的方式继续揉制，使面团得以充气并拉伸。

5. 揉面时氧气的不断掺入，促使面筋网的形成（由面筋构成的蛋白质网，使面团变得柔软）。

在刚开始揉面的时候，面团易断裂：此时面筋网尚未形成。随着揉面的进行，渐渐地面团变得更有弹性和延展性，不再断裂了，面筋网就形成了。

6. 手工揉面20分钟之后，面团就不再粘手了。

恩佐检查了面团的纹理：是否光滑？是否柔软？是否有弹性？是否可延展？以及面团的细腻质地，它的小

蜂窝——这些致密的小气泡将会在接下来的发酵过程中不断扩大。

7&8. 恩佐接着揉了10分钟，然后把面团分成若干质量为220~250克的小面团。

- 250克的面团可以用来做一张比萨或者一个卡尔佐内[3]。
- 220克的面团可以用来做一个布鲁切塔[4]、一个面卷或者一个"一口鲜"[5]。
- 50克的面团可以用来做一个那不勒斯特色木齐罗[6]。

9. 将这些分好的小面团放置于一个薄撒了面粉的平板上，相互保持间隔，用一块干净的布盖住，让它们在一个遮风、干燥而暖和的地方发酵6~8小时。发酵完成后，在薄撒了一层面粉的工作台上（恩佐强调：只需一小撮面粉，不要过量），尽可能又快又细致地铺开面团：首先用指尖按压，然后两只手的手掌来回拍按，最后平铺面饼从中心向四周压开，装点配料，放入比萨炉，接下来就是美食时刻了！

建议

- 你可以混合多种面粉（全麦或者少量地掺入多种谷子）。恩佐用这种混合面粉来制作他的布鲁切塔和木奇罗。
- 酵母的用量根据环境温度而定：温度越高需要的酵母就越少。也根据发酵时间而定：时间越长需要的酵母就越少。
- 你可以使用自动和面机来制作面团，选择一种单一的模式，以1挡速揉面20分钟，这样面团可以充分氧化又不至于温度过高而破坏面筋网。然后拿出面团放在工作台上结束揉面。

① 00面粉：低筋精粉。——译者注
② Caputo：意大利面粉品牌，后文用其音译名"卡普托"。——译者注
③ 卡尔佐内：又称"比萨饺"或"比萨包"，意大利文"calzone"，意大利传统食物，状似水饺，是意大利比萨的一种。——译者注
④ 布鲁切塔：意大利文"bruschetta"，地道意大利面包小吃。——译者注
⑤ 一口鲜：意大利文"saltimbocca"，那不勒斯特色三明治面包。——译者注
⑥ 木奇罗：意大利文"murzillo"，那不勒斯特色小圆包。——译者注

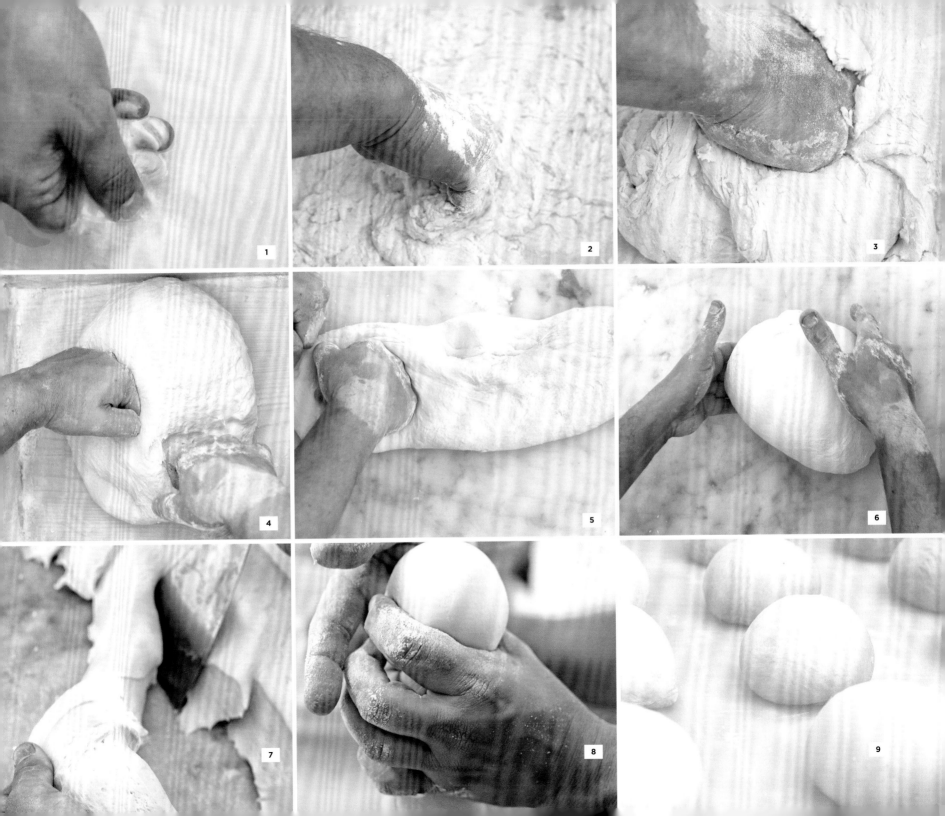

恩佐·科西亚

制作方法

烤制

在恩佐的燃木比萨炉中，当温度设定为400℃，烤一张比萨需要60秒。
所有的配料在进炉之前就都铺在饼坯上，除了那些最纤嫩的食材，如一些香草、磨碎的奶酪和一些熟肉。

而在家用烤箱中，像我家和你家的那种烤箱，则需要设定250℃，15分钟烤好。别忘了提前预热烤箱。
在这个温度下，如果你想要一张边缘烤得金黄的比萨，恩佐建议你在和面的水中加入1勺橄榄油和10克糖。

在比萨上放置配料的顺序是循序渐进的：最多汁的、水分含量高的配料在进炉之前就要放好，纤嫩的、娇贵的食材则需要在烤程进行三分之二时放入，甚至在出炉的时候才搁。

恩佐家的比萨是直接放在他的比萨炉底部的耐火石上烤的。你家有耐火石吗？我估计没有。那更简单的办法是在家用烤箱中使用金属烤盘，这样才能烤得到位。

品尝

恩佐对于品尝比萨的温度非常执拗。他认为，一张比萨在出炉4分钟之内是最适宜品尝的温度——一烤好就上桌，马上入口！

只有这样，美味之欢才达到了高潮！

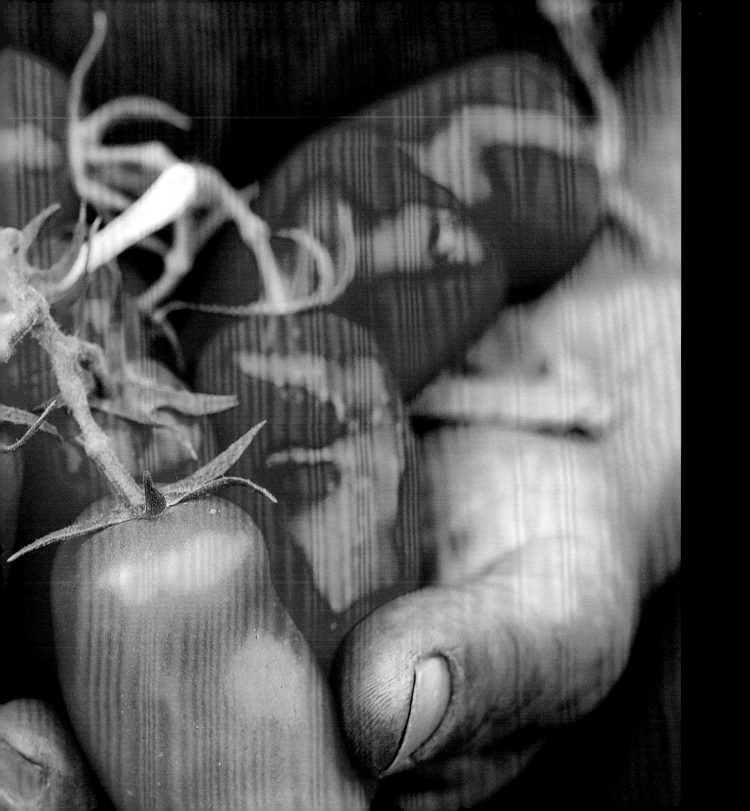

恩佐·科西亚的食材

恩佐·科西亚

1 2

1. 鳀鱼和鱼露

切塔拉鳀鱼露是一种琥珀色的液体状调味料，让人联想到罗马鱼酱，通过将鳀鱼在水和海盐中泡熟而制成。这种古老的传统制作工艺由切塔拉（Cerara）地区阿马尔菲海岸的渔民家庭代代相传而来。

2. 安德里亚的布拉塔奶酪

牛奶制成，一种条形奶酪，内里软糯，来自普利亚大区（Pouilles）。

3&4.烟熏普罗沃拉奶酪

特色食材。

5.罗勒

比萨上令人陶醉和不可或缺的味道。

6.西葫芦花

细小而娇嫩的花蕾。

7.半乳清奶酪

典型的意大利南部奶酪（主要由牛奶制成，其中也掺有绵羊奶、山羊奶或者水牛奶），介于多姆奶酪和里科塔奶酪之间。

8

10

9

11

12

8. 科尔巴拉番茄

这种小番茄生长在索伦托半岛（La Péninsule de Sorrento）内陆的山丘上和阿马尔菲海岸。它的口味甜到难以置信。

9. A.O.C.齐伦托白无花果

在完全成熟之后方可采摘。既可鲜食，也可剥皮在太阳下晒干，然后做出一系列柔和而精致的味道……

10. 水牛后腰腿（干腌火腿）

水牛后腰腿是一种火腿（非猪肉），口味细嫩，被做成梨形（像剔骨后腰腿风干火腿）。

除了马苏里拉奶酪和水牛里科塔奶酪，拉斐尔·巴尔洛提还制作这些熟猪牛肉食品。

11. 蓝袋卡普托面粉①

这种面粉使比萨面团富有很大的筋性和延展性，发酵时间非常长（可达12小时）。

12. 福地酒庄

意大利坎帕尼亚大区最美的红酒企业之一。

① 蓝袋卡普托面粉：那不勒斯卡普托（Caputo）磨坊的蓝袋面粉。——译者注

13. 维多利亚·布兰卡奇奥的"大山"农家乐橄榄油 [位于马萨卢布伦赛（Massa Lubrense）]

一种特级初榨橄榄油，索伦托半岛（La Péninsule de Sorento）的A.O.C.产品。它可以锁住所有香气和滋味的精妙。恩佐有时候会用在他的比萨上，只要一点儿就能带来颠覆性的改变！

14. "大山"油橄榄园

恩佐和维多利亚（Vittoria）是这种特级橄榄油的生产者。

15. 蒙托罗铜皮洋葱

洋葱表皮是铜色的，内里白里透红。
蒙托罗洋葱口感温润，味道浓烈，因此驰名美食界。

16. 烟熏培根

一种精妙的馥郁之味。

17. 有机牛至

沁人心脾且令人兴奋……

18．大尾绵羊乳奶酪

一种奶酪，以产奶的大尾绵羊而命名，味道美到刺激。

19．帕埃斯图姆黄樱桃番茄

帕埃斯图姆的黄色小番茄，鲜嫩、香甜且多汁。

20．卷熏肉

加入少许胡椒……

21．来自乔万尼·玛里纳的"巴龙之家有机食品公司"的钟摆番茄［位于马萨迪索姆马（Massa di Somma）］

这种小番茄生长于维苏威火山（Vésuve）脚下，颜色红艳浓烈（难道是火山熔岩的颜色？），馥郁清香，口味独特。这种小番茄采摘下来之后，就被编结成束，每束3~5千克。钟摆番茄一词中的"piennolo"是那不勒斯当地方言，说的就是这种悬挂起来的束状物……冬天，在那不勒斯菜式和比萨上，它们被用来代替新鲜的番茄。

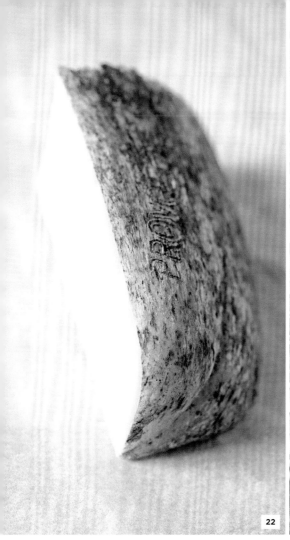

22. 修道士普罗伏洛奶酪

小产量食材，一种优雅的牛奶酪，细腻，有
特点。

奶酪未成熟前，香味既细致又浓郁，成熟之
后，变得非常强烈。

23. 田地中的恩佐·科西亚

采摘新鲜的A.O.C.圣马扎诺番茄！

这种漂亮的番茄在火山平原上汲取了无可比拟的味道。采
摘、清洗、挑拣、去皮、尽情地吸收阳光，再到装盒。装进
盒子里的只有番茄和一同被采摘而来的丰富果香。

24. 芝麻菜

味道浓烈的蔬菜。

25. 丝绸奶酪

一种美味到极致的美食，呈丝缕的面泥状，比布拉塔奶酪的奶油含量更多。

26. 波多利科马背奶酪

一种以产奶奶牛的品种——"波多利科"命名的奶酪。是一种产量小却风味浓郁的食材。

27. 那不勒斯萨拉米

那不勒斯萨拉米采用最好部位的猪肉制成。香味浓郁，口感柔和，略带烟熏或胡椒味。

28. 一朵朵漂亮的苦苣菜

就等着下锅了！

29. 水牛肉肠

30. 水牛肉扁形肉肠

① I.G.P.：原文为"I.G.P. confite"，为意大利产品地理标识。——译者注

31. 令人垂涎欲滴的番茄……

从下到上：

• 处理后圣马扎诺新鲜番茄（十字刀切条）

• 处理后圣马扎诺干番茄（十字刀切条）

• 科尔巴拉番茄

• 炭烤樱桃番茄

• I.G.P.①油渍帕基诺樱桃番茄

• 帕埃斯图姆黄樱桃番茄

• 钟摆番茄

A.O.C. 比萨

传统

A.O.C. 玛格丽特比萨

A.O.C.圣马扎诺番茄、A.O.C水牛奶马苏里拉奶酪、波多利科马背奶酪、罗勒、特级初榨橄榄油

1889年，玛格丽特·萨伏伊（Margherita de Savoie）皇后路过那不勒斯时想亲口尝尝大众的家常食品——比萨，于是请来了比萨大厨拉斐尔·艾斯波西托，以意大利国旗为灵感来源：绿色——罗勒，白色——马苏里拉奶酪，红色——番茄，发明了一种新的比萨。由此，玛格丽特比萨诞生了……

在那不勒斯，乃至广阔的全世界，比萨可能是最受欢迎的食物了。然而，人们吃到的往往是平庸之作……恩佐立志重新给这个昔日的王室比萨赋予名贵身份。波多利科马背奶酪是他制作食谱中的一个"闯入者"，也是恩佐的秘方配料：它为这种比萨带来了多重复杂的滋味。

....

准备： 10分钟

烤制： 15分钟

4人食

250克比萨面团（参见P.18）
60~70克A.O.C.圣马扎诺番茄
60~80克A.O.C水牛奶马苏里拉奶酪（细丝）
20~30克波多利科马背奶酪（新鲜磨碎）
几片罗勒叶
特级橄榄油
盐之花[①]

预热烤箱至250℃ 。

在碗中加入番茄酱、少许橄榄油和一小撮盐之花。

在薄撒一层面粉的工作台上，尽可能细致地摊开面团：首先用指尖按压，然后用两只手掌不断推开，使面饼从中心向四周逐渐变大。

用刷子在烤盘上刷一层薄油，然后将面饼置于烤盘上。

淋少许橄榄油在面饼上，以顺时针方向在面饼上摊开番茄酱，放入烤箱烤10分钟。

在比萨上均匀铺撒一层水牛奶马苏里拉奶酪丝，重新进烤箱烤5分钟——比萨烤至金黄松脆。

出烤箱时，撒上罗勒叶，并以波多利科马背奶酪碎点缀比萨。

① 盐之花：顶级海盐。——译者注

传统

A.O.C.玛格丽特比萨（新鲜圣马扎诺番茄）

A.O.C.圣马扎诺番茄、A.O.C.水牛奶马苏里拉奶酪、罗勒、特级初榨橄榄油

这是一款季节性很强的比萨！因为圣马扎诺番茄只会在每年7月30日至9月30日出现在市场的食摊上——A.O.C.规定只有这段时间才允许采摘圣马扎诺番茄。因此，如果你正好在此期间在那不勒斯，那就冲进恩佐的店里跟他点一份Pacchetelle[①]玛格丽特比萨。

他定会满眼尊重地看着你。然后你再告诉他，其实你是因为读了这本书……

大快朵颐的时候，尽情享用新鲜的圣马扎诺番茄微酸和软糯的口感吧。这种果子浸透了阳光，被海风吹拂，在火山地貌上灿烂地生长……

....

准备：20分钟
烤制：15分钟

4人食
250克比萨面团（参见P.18）
3~4个漂亮、新鲜的A.O.C.圣马扎诺番茄
60~80克A.O.C水牛奶马苏里拉奶酪（细丝）
几片罗勒叶
特级橄榄油
盐之花

预热烤箱至250℃。

用十字刀法将圣马扎诺番茄切条，加入少许橄榄油和一小撮盐之花调味。

在薄撒一层面粉的工作台上，尽可能细致地摊开面团：首先用指尖按压，然后用两只手掌不断推开，使面饼从中心向四周逐渐变大。

用刷子在烤盘上刷一层薄油，然后将面饼置于烤盘上。

淋少许橄榄油在面饼上，铺盖调好味的圣马扎诺番茄条，放入烤箱烤10分钟。

在比萨上均匀铺撒一层水牛奶马苏里拉奶酪丝，重新进烤箱烤5分钟——烤至面饼金黄松脆，番茄煎皱，马苏里拉奶酪熔化。

出烤箱时，撒上罗勒叶，再淋上几滴橄榄油。

① Pacchetelle是一种古老的保存圣马扎诺番茄的方法。——译者注

A.O.C.玛格丽特比萨（钟摆番茄）

A.O.C.钟摆番茄、A.O.C.水牛奶马苏里拉奶酪、大尾绵羊乳奶酪、罗勒、特级初榨橄榄油

又是一款玛格丽特比萨……然而和其他的玛格丽特比萨又是如此的不一样！

虽然都叫玛格丽特比萨，但是它们的味道和香气却是各有千秋，而这些微妙的差别皆在于所用的番茄上。在那不勒斯，没有什么比区分两种番茄更难的了：圣马扎诺番茄、钟摆番茄、科尔巴拉番茄，新鲜或者罐头，番茄酱，去皮的，捣碎的，晒干的，糖渍的，炭烤的……千般万种地牵着你的味蕾，在生物多样性赋予的美味中徜徉！一辈子只吃一种番茄和一种玛格丽特比萨，该是多么糟糕的人生……

准备： 15分钟
烤制： 15分钟

4人食
250克比萨面团（参见P.18）
10~12个A.O.C.维苏威钟摆番茄（罐头装）
60~80克A.O.C.水牛奶马苏里拉奶酪（细丝）
20~30克大尾绵羊乳奶酪（新鲜磨碎）
几片罗勒叶
特级橄榄油
盐之花

预热烤箱至250℃。

将钟摆番茄沥干，加入少许橄榄油和一小撮盐之花调味。

在薄撒一层面粉的工作台上，尽可能细致地摊开面团：首先用指尖按压，然后用两只手掌不断推开，使面饼从中心向四周逐渐变大。

用刷子在烤盘上刷一层薄油，然后将面饼置于烤盘上。

淋少许橄榄油在面饼上，并均匀铺盖上沥干的番茄，将番茄用指尖压碎，放入烤箱烤10分钟。

在比萨上均匀铺撒一层水牛奶马苏里拉奶酪丝，重新进烤箱烤5分钟——烤至面饼金黄松脆，番茄煎皱，马苏里拉奶酪熔化。

出烤箱时，淋上几滴橄榄油，撒上罗勒叶，再撒上大尾绵羊乳奶酪碎作点缀。

美味小贴士

A.O.C.玛格丽特比萨（普罗沃拉奶酪）：

用水牛奶普罗沃拉奶酪替换马苏里拉奶酪，你就会得到一份熏烤味宜人的玛格丽特比萨。

A.O.C.玛格丽特比萨（里科塔奶酪）：

将马苏里拉奶酪与里科塔奶酪混搭，代替单一马苏里拉奶酪，做一份入口即化的玛格丽特比萨。

玛格丽特比萨（齐贝洛小臀肉火腿）：

出烤箱时，加上几片小臀肉火腿薄片，这会为你的玛格丽特比萨增添几分香料滋味。

传统

A.O.C.玛利亚娜比萨

A.O.C.圣马扎诺番茄、大蒜、牛至、特级初榨橄榄油

这是那不勒斯比萨中最受欢迎的一款。

四种配料：番茄、牛至、橄榄油和煎至噼啪作响的大蒜。在恩佐手中，一切配料都能以杰出而恰到好处的比例发挥它们的作用。

这款玛利亚娜比萨才是比萨"本来的模样"：多一分嫌多，少一分不够的简约经典模板。

玛利亚娜比萨让人联想到海洋，但是这款比萨上并没有鱼呀？

当大海慷慨时，那不勒斯海湾的渔夫们会用新鲜的小鱼来装点他们的比萨。渔获不佳的时候，大蒜和牛至的香味儿也会使他们心满意足……这个没有鱼的玛利亚娜比萨版本，既美味又容易做，很快便家喻户晓，风靡那不勒斯的比萨店。人们渐渐习惯了这款渔夫喜欢的比萨，也就是没有鱼的玛利亚娜比萨……

准备：15分钟
烤制：15分钟

4人食
250克比萨面团（参见P.18）
70~80克A.O.C.圣马扎诺番茄酱
1瓣新蒜或者去芽蒜
1小撮新鲜有机牛至
特级橄榄油
几片罗勒叶
盐之花

预热烤箱至250℃。

在碗中加入番茄酱、牛至、切成小薄片的大蒜、少许橄榄油和一小撮盐之花。

在薄撒一层面粉的工作台上，尽可能细致地摊开面团：首先用指尖按压，然后用两只手掌不断推开，使面饼从中心向四周逐渐变大。

用刷子在烤盘上刷一层薄油，然后将面饼置于烤盘上。

淋少许橄榄油在面饼上，以顺时针方向在面饼上摊开番茄酱，放入烤箱烤15分钟——比萨烤至金黄松脆。

出烤箱时，撒上罗勒叶，再淋上几滴橄榄油。

恩佐·科西亚

A.O.C.比萨

传统

A.O.C.玛利亚娜比萨（鳀鱼）

A.O.C.圣马扎诺番茄、新鲜的波佐利鳀鱼、切塔拉鳀鱼露

这就是玛利亚娜比萨在渔获满满的时候的升级版。气味非常好闻，有海洋的气息，富含碘，滋味精妙——这一切都在于番茄与鳀鱼之间的平衡把握：番茄的味道不能太强势。

准备： 15分钟
烤制： 15分钟

4人食
250克比萨面团（参见P.18）
70~80克A.O.C.圣马扎诺番茄酱
20~25克新鲜小鳀鱼
1瓣新蒜或者去芽蒜
1小撮新鲜有机牛至
几滴切塔拉鳀鱼露（提取自鳀鱼）
特级橄榄油
盐之花

预热烤箱至250℃。

买鱼时，请鱼店将鳀鱼去头、掏空内脏，只留下鱼脊肉，用冷水冲洗并擦干。

碗中加入番茄酱、牛至、切成小薄片的大蒜、少许橄榄油和一小撮盐之花。

在薄撒一层面粉的工作台上，尽可能细致地摊开面团：首先用指尖按压，然后用两只手掌不断推开，使面饼从中心向四周逐渐变大。

用刷子在烤盘上刷一层薄油，然后将面饼置于烤盘上。

淋少许橄榄油在面饼上，以顺时针方向在面饼上摊开番茄酱，放入烤箱烤8分钟。

在比萨上加放腹部闭合的鳀鱼，重新进烤箱烤6分钟——烤至面饼金黄，鳀鱼充分煎熟，接近松脆口感。

出烤箱时，淋上少许橄榄油和几滴切塔拉鳀鱼露。

美味小贴士

让口舌之愉更丰富：在烤至一半的时候，加入水牛奶马苏里拉奶酪，出炉时再撒上胡椒粉——辛香浓烈的胡椒粉。

美味小贴士

分别将马苏里拉奶酪、安杰罗拉的菲罗迪拉奶酪、普罗沃拉和斯卡莫扎奶酪切成细丝，千万不要把这几种奶酪混在一起。

准备番茄，并加入作料（少许橄榄油和一小撮盐之花），不要搅拌：

将A.O.C.维苏威钟摆番茄沥干水分，用指尖压碎；

将A.O.C.圣马扎诺番茄切成长条；

将帕埃斯图姆黄樱桃番茄用十字刀法切分为四块。

创意

四喜番茄比萨

A.O.C.钟摆番茄、I.G.P.油渍帕基诺樱桃番茄、A.O.C.圣马扎诺番茄、帕埃斯图姆黄樱桃番茄

这款比萨是对番茄的示爱！制作需要何等复杂而精妙的手艺：将每一种番茄的鲜嫩与奶酪的奶油凝结于一体。

A.O.C.钟摆番茄，新鲜而多汁，放在含有麝香味的马苏里拉奶酪上。I.G.P.油渍帕基诺樱桃番茄，口感浓郁而鲜美，点燃了安杰罗拉的菲罗迪拉奶酪最内敛的精妙滋味。A.O.C.圣马扎诺番茄，酸甜可口，使普罗沃拉奶酪焕发出一种烟熏的自然本色。帕埃斯图姆黄樱桃番茄，新鲜而果香浓郁，唤醒了斯卡莫扎奶酪的柔软口感。

准备：15分钟
烤制：15分钟

4人食

250克比萨面团（参见P.18）
2~3个A.O.C.维苏威钟摆番茄（罐头装）
6~8个I.G.P.油渍帕基诺樱桃番茄
1个A.O.C.圣马扎诺番茄（罐头装）
5~6个帕埃斯图姆黄樱桃番茄
40克A.O.C.水牛奶马苏里拉奶酪
40克安杰罗拉的菲罗迪拉奶酪（建议在奶酪专营店选购）
40克水牛奶普罗沃拉奶酪
40克斯卡莫扎奶酪（建议在奶酪专营店选购）
20克大尾绵羊乳奶酪（新鲜磨碎）
1片罗勒叶
特级橄榄油
盐之花

预热烤箱至250℃。

在薄撒一层面粉的工作台上，尽可能细致地摊开面团：首先用指尖按压，然后用两只手掌不断推开，使面饼从中心向四周逐渐变大。

用刷子在烤盘上刷一层薄油，然后将面饼置于烤盘上。

淋少许橄榄油在面饼上，然后在面饼上捏出两条凸起、垂直交叉的细线，将面饼表面均匀分割为四块，放入烤箱烤10分钟。

在面饼的四个部分上分别放上不同的奶酪和番茄：

A.O.C.维苏威钟摆番茄配马苏里拉奶酪；

I.G.P.油渍帕基诺樱桃番茄配安杰罗拉的菲罗迪拉奶酪；

A.O.C.圣马扎诺番茄配普罗沃拉奶酪；

帕埃斯图姆黄樱桃番茄配斯卡莫扎奶酪。

重新进炉烤5分钟——烤至面饼金黄松脆，奶酪熔化，番茄煎皱。

出烤箱时，撒上罗勒叶，再撒上大尾绵羊乳奶酪碎作点缀。

恩佐比萨

创意

恩佐比萨

水牛奶普罗沃拉奶酪&里科塔奶酪、科尔巴拉番茄、芝麻菜

辛辣、爽口、入口即化——这就是恩佐今天晚上在送走最后一位食客之后要准备的比萨。

....

准备： 15分钟
烤制： 15分钟

4人食
250克比萨面团（参见P.18）
10~12个科尔巴拉番茄
80~100水牛奶普罗沃拉奶酪（细丝）
50~60克水牛奶里科塔奶酪
1把新鲜的芝麻菜
20克帕尔马奶酪（新鲜磨碎，成熟期24个月）
特级橄榄油
盐之花

将科尔巴拉番茄沥干水分，纵向一切两半，加入少许橄榄油和一小撮盐之花。

芝麻菜洗净去梗。

预热烤箱至250℃。

在薄撒一层面粉的工作台上，尽可能细致地摊开面团：首先用指尖按压，然后用两只手掌不断推开，使面饼从中心向四周逐渐变大。

用刷子在烤盘上刷一层薄油，然后将面饼置于烤盘上。

淋少许橄榄油在面饼上，放入烤箱烤10分钟。

在面饼上均匀铺撒一层普罗沃拉奶酪丝，再浇一层里科塔奶酪，然后在上面放上番茄，重新进烤箱烤5分钟——烤至面饼金黄松脆，普罗沃拉奶酪和里科塔奶酪熔化，番茄煎皱。

出烤箱时，放上芝麻菜，淋上几滴橄榄油，并撒上帕尔马奶酪碎作点缀。

创意

茱莉亚比萨

A.O.C.钟摆番茄、安德里亚丝绸奶酪、芝麻菜

"爸爸，我饿了！"茱莉亚是恩佐的女儿，11岁，好奇心满满，她喜欢烹饪、下馆子，以及爸爸做的比萨！因为加入了丝绸奶酪——一种好吃到爆的奶酪，糜状质地比布拉塔奶酪的奶油感还要丰满，这款比萨真正是好吃到罪孽。千万别动叉子，一口就上瘾！

....

准备： 15分钟

烤制： 15分钟

4人食

250克比萨面团（参见P.18）

10~12个A.O.C.维苏威钟摆番茄（罐头装）

100~120克安德里亚丝绸奶酪

几片芝麻菜

20~30克帕尔马奶酪（新鲜磨碎，成熟期24个月）

特级橄榄油

盐之花

将A.O.C.维苏威钟摆番茄沥干，用指尖轻轻压碎，加入少许橄榄油和一小撮盐之花调味。

芝麻菜洗净去梗。

预热烤箱至250℃。

在薄撒一层面粉的工作台上，尽可能细致地摊开面团：首先用指尖按压，然后用两只手掌不断推开，使面饼从中心向四周逐渐变大。

用刷子在烤盘上刷一层薄油，然后将面饼置于烤盘上。

淋少许橄榄油在面饼上，放入烤箱烤10分钟。

在面饼上均匀铺撒一层安德里亚丝绸奶酪，再放上番茄，重新进烤箱烤5分钟——烤至面饼金黄松脆，安德里亚丝绸奶酪熔化，番茄煎皱。

出烤箱时，放上芝麻菜，淋上几滴橄榄油，并撒上帕尔马奶酪碎作点缀。

创意

青酱比萨

罗勒青酱、A.O.C.钟摆番茄、菲罗迪拉奶酪、干腌火腿

准备: 15分钟

烤制: 15分钟

4人食

250克比萨面团(参见P.18)

8~10个A.O.C.维苏威钟摆番茄(罐头装)

2~3勺家庭手工罗勒青酱汁(参见"我的罗勒青酱食谱")

80克安杰罗拉菲罗迪拉奶酪(细丝)

3片干腌火腿薄片

1片罗勒叶

特级橄榄油

盐之花

将A.O.C.维苏威钟摆番茄沥干水分,用指尖轻轻挤碎,加入少许橄榄油和一小撮盐之花调味。

预热烤箱至250℃。

在薄撒一层面粉的工作台上,尽可能细致地摊开面团:首先用指尖按压,然后用两只手掌不断推开,使面饼从中心向四周逐渐变大。

用刷子在烤盘上刷一层薄油,然后将面饼置于烤盘上。

将罗勒青酱在面饼上以画圈的方式涂抹均匀,铺上A.O.C.维苏威钟摆番茄,放入烤箱烤10分钟。

在面饼上均匀铺撒一层菲罗迪拉奶酪丝,重新进烤箱烤5分钟——烤至面饼金黄松脆,菲罗迪拉奶酪熔化。

出炉时加入干腌火腿薄片和罗勒叶。

我的罗勒青酱食谱

1捆去叶罗勒

几片欧芹叶

3勺现磨帕尔马奶酪粉

2勺托斯卡纳松子仁

1小撮盐之花

混合搅拌以上配料,同时,慢慢加入利古里亚(Ligurie)的橄榄油,直到奶油般黏稠,就做好了……

祝你好胃口!

创意

彩椒与普罗沃拉奶酪比萨

红彩椒&黄彩椒、水牛奶普罗沃拉奶酪、大尾绵羊乳奶酪

口感柔和，色彩鲜艳，可以说是水果风味……这款比萨像夏季的白昼那样令人愉悦！

....

准备：15分钟

烤制：15分钟

4人食

250克比萨面团（参见P.18）

1个红彩椒

1个黄彩椒

70~80克水牛奶普罗沃拉奶酪（细丝）

20克大尾绵羊乳奶酪（新鲜磨碎）

几片罗勒叶

特级橄榄油

盐之花

将红色、黄色彩椒洗净，去皮，切成细条，然后再把细条切小丁。

在平底锅中加入橄榄油，大火煎辣椒，加盐调味。

预热烤箱至250℃。

在薄撒一层面粉的工作台上，尽可能细致地摊开面团：首先用指尖按压，然后用两只手掌不断推开，使面饼从中心向四周逐渐变大。

用刷子在烤盘上刷一层薄油，然后将面饼置于烤盘上。

淋少许橄榄油在面饼上，放入烤箱烤10分钟。

在面饼上均匀铺撒一层普罗沃拉奶酪丝和彩椒丁，重新进烤箱烤5分钟——烤至面饼金黄松脆，彩椒煎皱但保留汁水不干。

出烤箱时，在比萨上放罗勒叶，并撒上大尾绵羊乳奶酪碎。

创意

无花果与干腌火腿比萨

帕埃斯图姆黄樱桃番茄、齐伦托白无花果、干腌火腿

恩佐的客人们评价这款比萨："精致且富有创意"。然而，我确信这款比萨贵族的外表下掩盖着它乡村的质朴。我脑海中下意识地出现这样的画面：很久以前，在一个夏日的午饭时间，齐伦托（Cilento）的农民们拿着裹有番茄、火腿和无花果的三明治大快朵颐。

准备： 20分钟
烤制： 15分钟

4人食
250克比萨面团（参见P.18）
12~15个帕埃斯图姆黄樱桃番茄
4~5个A.O.C.齐伦托白无花果
6~8片干腌火腿薄片
齐伦托产特级橄榄油
盐之花和胡椒

预热烤箱至250℃。

将帕埃斯图姆黄樱桃番茄用十字刀法切分为四块。加入少许橄榄油、一小撮盐之花调味。

无花果用十字刀法切分为四块，或切薄片。

在薄撒一层面粉的工作台上，尽可能细致地摊开面团：首先用指尖按压，然后用两只手掌不断推开，使面饼从中心向四周逐渐变大。

用刷子在烤盘上刷一层薄油，然后将面饼置于烤盘上。

淋少许橄榄油在面饼上，铺放带汁的帕埃斯图姆黄樱桃番茄块，放入烤箱烤10分钟。

在面饼上均匀铺一层干腌火腿薄片，然后放无花果，重新进烤箱烤5分钟——烤至面饼金黄松脆，番茄出汁变软，无花果烤至焦糖色。

出烤箱时，在比萨上淋几滴橄榄油。

创意

圣格纳罗比萨

帕埃斯图姆黄樱桃番茄、切塔拉鳀鱼、欧芹、牛至、罗勒

这款比萨取自不勒斯守护神之名，来源于一部那不勒斯厨艺古籍中的记载。恩佐每年9月会在自己店里的菜单上加入这道比萨：9月29日的圣格纳罗（San Gennaro）节是非常隆重的意大利传统节日，在此期间圣血"液化"[①]的奇迹会得到见证。

准备：15分钟

烤制：15分钟

4人食

250克比萨面团（参见P.18）

15~20个帕埃斯图姆黄樱桃番茄

1~2瓣新蒜或者去芽蒜

5~6条切塔拉鳀鱼脊肉（在橄榄油中浸泡保存）

10~12颗柔软的黑橄榄

1小撮有机牛至

几片欧芹叶

几片罗勒叶

特级橄榄油

盐之花

预热烤箱至250℃。

将帕埃斯图姆黄樱桃番茄切成小块。加入少许橄榄油、一小撮盐之花和牛至调味。

蒜切细丝，橄榄去核，鳀鱼沥干水分，欧芹磨制细碎。

在薄撒一层面粉的工作台上，尽可能细致地摊开面团：首先用指尖按压，然后用两只手掌不断推开，使面饼从中心向四周逐渐变大。

用刷子在烤盘上刷一层薄油，然后将面饼置于烤盘上。

淋少许橄榄油在面饼上，铺放帕埃斯图姆黄樱桃番茄块，放入烤箱烤10分钟。

在面饼上铺放橄榄、鳀鱼和大蒜，重新进炉烤5分钟重新进烤箱烤5分钟——烤至面饼金黄松脆，番茄、橄榄和鳀鱼煎皱出汁。

出烤箱时，在比萨饼上撒满罗勒叶和欧芹碎。

圣卢西亚比萨

只需把食谱中的帕埃斯图姆黄樱桃番茄换成钟摆番茄，就是圣卢西亚比萨的食谱了。它叫这个名字并不是因为圣卢西亚（Sainte Lucie），而是得名于那不勒斯的一个历史街区圣卢西亚（Borgo Santa Lucia），这里曾经是渔夫们居住的地方。

[①] 那不勒斯大教堂内存放着前主教圣格纳罗的血液，每年会举行仪式，观察血液是否液化，以此象征来年的运势。——译者注

创意

普罗齐达风味比萨

一款在普罗齐达岛（L'île de Procida）流行的比萨：用炭火烤的小番茄、斯卡莫扎奶酪、大蒜、牛至、欧芹、罗勒

恩佐在快结束营业的时候开始烤番茄：比萨炉刚刚熄灭，余烬还热，炉口架着烤架。

这些番茄被烟熏火燎，噼啪作响。如果你拥有一个花园或者露台，一个BBQ烤炉，那利用它们点燃炭火烤点儿番茄吧！炙烤石或者一个铁板烧都行，只是烤出的味道不尽相同。

....

准备：10分钟
烤制：20分钟

4人食
250克比萨面团（参见P.18）
15~18个小番茄，或者鸽子心[1]番茄
80克斯卡莫扎奶酪
1瓣新蒜或者去芽蒜
1小撮牛至
几片欧芹叶
几片罗勒叶
特级橄榄油
盐之花

打开烤箱，调至中温模式。

沿纵向将番茄一切为二，摆铺在一张烘焙油纸上，淋少许橄榄油，烤几分钟，至番茄微微上色，放盐。

斯卡莫扎奶酪切细丝，大蒜切细丝，欧芹和罗勒切末。

预热烤箱至250℃。

在薄撒一层面粉的工作台上，尽可能细致地摊开面团：首先用指尖按压，然后用两只手掌不断推开，使面饼从中心向四周逐渐变大。

用刷子在烤盘上刷一层薄油，然后将面饼置于烤盘上。

淋少许橄榄油在面饼上，放入烤箱烤10分钟。

将斯卡莫扎奶酪丝和小番茄铺放在面饼上，然后撒满大蒜和牛至，重新进烤箱烤5分钟——烤至面饼金黄松脆，斯卡莫扎奶酪熔化，小番茄煎皱。

出烤箱时，撒上罗勒和欧芹末，淋上几滴橄榄油。

[1] 鸽子心：原文为"cœur de pigeon"，
为番茄品种名。——译者注

创意

齐伦托风味比萨

在齐伦托风靡一时的比萨：A.O.C.钟摆番茄、半乳清奶酪、齐伦托产特级初榨橄榄油

....

准备：15分钟
烤制：15分钟

4人食
250克比萨面团（参见P.18）
15~18个A.O.C.钟摆番茄（罐头装）
40克的半乳清奶酪（新鲜磨碎）
几片罗勒叶
齐伦托产特级橄榄油
盐之花

预热烤箱至250℃。

在未沥干带汁水的A.O.C.钟摆番茄中加入少许橄榄油和一小撮盐之花调味。

在薄撒一层面粉的工作台上，尽可能细致地摊开面团：首先用指尖按压，然后用两只手掌不断推开，使面饼从中心向四周逐渐变大。

用刷子在烤盘上刷一层薄油，然后将面饼置于烤盘上。

淋少许橄榄油在面饼上，以顺时针方向在面饼上涂抹A.O.C.钟摆番茄汁，然后铺放小番茄并用指尖压碎，放入烤箱烤15分钟——烤至面饼金黄松脆，番茄煎皱。

出烤箱时，撒上罗勒叶，淋上几滴橄榄油，再撒上半乳清奶酪碎作点缀。

创意

蒙托罗铜皮洋葱比萨（水牛肉肠）

蒙托罗铜皮洋葱、香肠&水牛奶普罗沃拉奶酪

....

准备： 10分钟
烤制： 20分钟

4人食
250克比萨面团（参见P.18）
150~180克蒙托罗铜皮洋葱
80~100克水牛肉肠
60~80烟熏水牛奶普罗沃拉奶酪（细丝）
20克修道士普罗伏洛奶酪（新鲜磨碎）
特级橄榄油
盐之花

将蒙托罗铜皮洋葱切成薄丝，加入少许橄榄油、一小撮盐之花调味。

去掉水牛肉肠的肠衣，捣碎肉肠。

预热烤箱至250℃。

在薄撒一层面粉的工作台上，尽可能细致地摊开面团：首先用指尖按压，然后用两只手掌不断推开，使面饼从中心向四周逐渐变大。

用刷子在烤盘上刷一层薄油，然后将面饼置于烤盘上。

淋少许橄榄油在面饼上，铺放蒙托罗铜皮洋葱丝，放入烤箱烤10分钟。

在比萨上均匀铺撒一层香肠碎肉和水牛奶普罗沃拉奶酪丝，再撒上修道士普罗伏洛奶酪碎，重新进烤箱烤5分钟——烤至洋葱软嫩多汁，普罗沃拉奶酪熔化，香肠肉煎熟即可。

创意

I.G.P.油渍帕基诺樱桃番茄比萨

I.G.P.油渍帕基诺樱桃番茄、马苏里拉奶酪

....

准备： 15分钟

烤制： 15分钟

4人食

250克比萨面团（参见P.18）

20~25个I.G.P.油渍帕基诺樱桃番茄

80克A.O.C.水牛奶马苏里拉奶酪（细丝）

1片罗勒叶

特级橄榄油

预热烤箱至250℃。

在薄撒一层面粉的工作台上，尽可能细致地摊开面团：首先用指尖按压，然后用两只手掌不断推开，使面饼从中心向四周逐渐变大。

用刷子在烤盘上刷一层薄油，然后将面饼置于烤盘上。

淋少许橄榄油在面饼上，放入烤箱烤10分钟。

在面饼上均匀铺撒一层A.O.C.水牛奶马苏里拉奶酪丝和番茄，重新进烤箱烤5分钟——烤至面饼金黄松脆，水牛奶马苏里拉奶酪熔化，番茄煎皱。

出烤箱时，在比萨正中放上一片罗勒叶作点缀。

创意

面包师比萨

面包师比萨：A.O.C.圣马扎诺番茄、水牛奶马苏里拉莫萨里拉奶酪&里科塔奶酪、大尾绵羊乳奶酪、那不勒斯萨拉米

一款厚重的、男子气概十足的比萨，是由跟恩佐一起工作的几个小伙子其中之一，在饿极了的时候创作的。他在成为比萨师之前是面包师，这款比萨因此而得名——fornaio，即"面包师"。

准备： 10分钟

烤制： 15分钟

4人食

250克比萨面团（参见P.18）

60~70克A.O.C.圣马扎诺番茄酱

80克马苏里拉奶酪（细丝）

40克A.O.C.水牛奶里科塔奶酪

50~60克那不勒斯萨拉米

20克大尾绵羊乳奶酪（新鲜磨碎）

2片罗勒叶

特级橄榄油

将那不勒斯萨拉米切片，越薄越好。

预热烤箱至250℃。

在薄撒一层面粉的工作台上，尽可能细致地摊开面团：首先用指尖按压，然后用两只手掌不断推开，使面饼从中心向四周逐渐变大。

用刷子在烤盘上刷一层薄油，然后将面饼置于烤盘上。

淋少许橄榄油在面饼上，以顺时针方向在面饼上摊开A.O.C.圣马扎诺番茄酱，放入烤箱烤10分钟。

在比萨上均匀铺撒一层马苏里拉奶酪丝和里科塔奶酪，然后铺上那不勒斯萨拉米薄片，重新进烤箱烤5分钟——烤至面饼金黄松脆，马苏里拉奶酪和里科塔奶酪熔化，勒斯萨拉米薄片轻微焦脆。

出烤箱时，撒大尾绵羊乳奶酪碎，再放上罗勒叶作点缀。

创意

鳕鱼比萨

鳕鱼片、A.O.C.水牛奶马苏里拉奶酪、I.G.P.油渍帕基诺樱桃番茄

泛着珠光的、多汁的鳕鱼煎到刚刚好……我超爱的！

这是一款非常适合圣诞节的比萨：在那不勒斯，鳕鱼是家家户户年末节庆餐桌上不可缺少的佳肴。

....

准备：10分钟
烤制：15分钟

4人食
250克比萨面团（参见P.18）
80克鳕鱼片（去骨、脱盐）
60~80克A.O.C.水牛奶马苏里拉奶酪
15~18克I.G.P.油渍帕基诺樱桃番茄
1片罗勒叶
特级橄榄油

将鳕鱼片成薄切生鱼片，A.O.C.水牛奶马苏里拉切细丝。

预热烤箱至250℃。

在薄撒一层面粉的工作台上，尽可能细致地摊开面团：首先用指尖按压，然后用两只手掌不断推开，使面饼从中心向四周逐渐变大。

用刷子在烤盘上刷一层薄油，然后将面饼置于烤盘上。

淋少许橄榄油在面饼上，放入烤箱烤10分钟。

将A.O.C.水牛奶马苏里拉奶酪和鳕鱼片铺放在面饼上，然后在上面摆放I.G.P.油渍帕基诺樱桃番茄，重新进烤箱烤5分钟——烤至面饼金黄松脆，鳕鱼肉呈半透明且多汁。

出烤箱时，在比萨正中放上一片罗勒叶作点缀，并淋上几滴橄榄油。

烹饪贴士

如果自己脱盐处理鳕鱼：先在流水下冲洗，然后将其浸泡于一大盆冰水中24小时，勤换水。

白比萨

恩佐·科西亚

白比萨

传统

尼古拉师傅比萨

白比萨，最古老的比萨：修道士普罗伏洛奶酪、罗勒、猪油

这一款比萨历史非常悠久，因此在配料表中还有猪油。在制作某些比萨的时候，恩佐喜欢用猪油来代替橄榄油，这样可以使口感更加松脆。别放盐！修道士普罗伏洛奶酪将会突显它独到的美味。

准备： 15分钟

烤制： 15分钟

4人食

250克比萨面团（参见P.18）

40~60克猪油

50克修道士普罗伏洛奶酪（新鲜磨碎）

几片罗勒叶

预热烤箱至250℃。

在薄撒一层面粉的工作台上，尽可能细致地摊开面团：首先用指尖按压，然后用两只手掌不断推开，使面饼从中心向四周逐渐变大。

用刷子在烤盘上刷一层薄油，然后将面饼置于烤盘上。

将猪油涂抹在面饼上，放入烤箱烤15分钟——烤至比萨金黄松脆。

出烤箱时，在比萨上大量铺撒修道士普罗伏洛奶酪碎，然后在上面摆放罗勒叶。

美味小贴士

让美味之欢加入更多花样：在烤至一半的时候，加入马苏里拉奶酪或者烟熏普罗沃拉奶酪，出烤箱时撒上少许口味浓郁的黑胡椒粉！

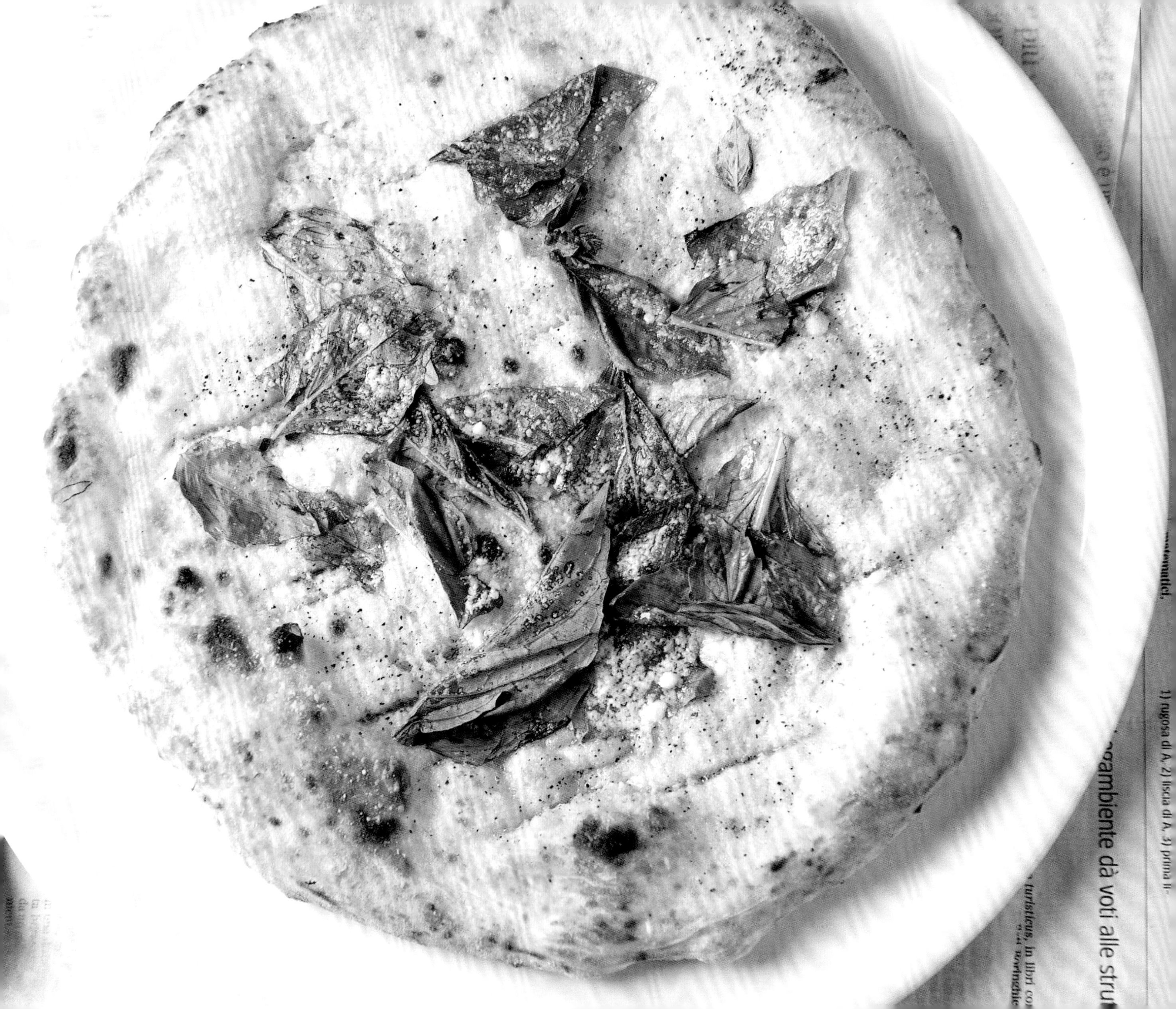

传统

西葫芦与培根比萨

西葫芦、水牛奶普罗沃拉奶酪、烟熏培根、大尾绵羊乳奶酪

一款色味俱全的比萨。当烟熏培根被放置在热比萨饼上的时候，它的脂肪会熔化，并散发出百转千回的调香味，飘满整个房间。

还有什么比这更能让你胃口大开的？

准备： 10分钟
烤制： 20分钟

4人食
250克比萨面团（参见P.18）
20~30克猪油
1个漂亮的西葫芦
20克大尾绵羊乳奶酪（新鲜磨碎）
6片薄薄的烟熏培根
70~80克水牛奶普罗沃拉奶酪（细丝）
特级橄榄油
盐之花

西葫芦洗净，切小块（丁），在平底锅中加入少许橄榄油，煎4~5分钟，快煎好的时候，加盐之花调味，然后把一半西葫芦用叉子压碎成泥。

预热烤箱至250℃。

在薄撒一层面粉的工作台上，尽可能细致地摊开面团：首先用指尖按压，然后用两只手掌不断推开，使面饼从中心向四周逐渐变大。

用刷子在烤盘上刷一层薄油，然后将面饼置于烤盘上。

将猪油涂抹在面饼上，放入烤箱烤10分钟。

在比萨上均匀涂抹西葫芦泥，铺撒一层水牛奶普罗沃拉奶酪丝，撒上西葫芦丁，重新进烤箱烤5分钟——烤至面饼金黄松脆，西葫芦煎皱。

出烤箱时，铺放一层烟熏培根，并撒满大尾绵羊乳奶酪碎。

美味小贴士

把这个食谱中的大尾绵羊乳奶酪替换成水牛奶马苏里拉奶酪，出炉时撒满索伦托（Sorrente）[或者格勒诺布尔（Grenoble）]的新鲜核桃碎，也很值得期待！

恩佐·科西亚

白比萨

传统

香肠与西洋菜薹比萨

香肠、水牛奶普罗沃拉奶酪、西洋菜薹、莫利泰尔诺羊乳奶酪

一抹来自西洋菜薹的苦涩口感和软嫩多汁的牛肉香肠是相得益彰的完美组合。

....

准备：20分钟
烤制：20分钟

4人食
250克比萨面团（参见P.18）
150克牛肉香肠（薄切）
300克西洋菜薹（绿叶中露出柔嫩的小花芽，有光泽的深绿色非常漂亮）
1瓣蒜
1个小辣椒（切碎）
60~80克水牛奶普罗沃拉奶酪（细丝）
20克莫利泰尔诺羊乳奶酪（新鲜磨碎）
特级橄榄油
盐之花

预热烤箱至250℃。

西洋菜薹洗净去梗，加入橄榄油、辣椒碎和用手掌压碎的蒜瓣，大火煎4~5分钟，煎至轻微发脆，加盐之花调味。

在薄撒一层面粉的工作台上，尽可能细致地摊开面团：首先用指尖按压，然后用两只手掌不断推开，使面饼从中心向四周逐渐变大。

用刷子在烤盘上刷一层薄油，然后将面饼置于烤盘上。

淋少许橄榄油在面饼上，铺放薄切的牛肉香肠片，放入烤箱烤10分钟。

在比萨上铺放西洋菜薹，并均匀铺撒一层水牛奶普罗沃拉奶酪丝，重新进烤箱烤5分钟——烤至比萨金黄松脆。

出烤箱时，撒上莫利泰尔诺羊乳奶酪碎。

美味小贴士

用水牛奶马苏里拉奶酪代替水牛奶普罗沃拉奶酪，然后用西蓝花的小花苞（与西洋菜薹同样的处理方法）代替西洋菜薹，出烤箱时放上几条橄榄油浸鳀鱼。开吃吧，祝你好胃口！

传统

蘑菇比萨

入口即溶且有麝香味的水牛奶普罗沃拉奶酪，与平菇的草木烟熏味奇迹般地融合！

建议你在10月中旬之后，坐在余烬未熄的壁炉前品尝这款比萨，感受秋天的欲望。

· ·

准备：15分钟
烤制：20分钟

4人食
250克比萨面团（参见P.18）
120~130克平菇（完整的，洗净擦干）
70~90克水牛奶普罗沃拉奶酪（细丝）
20克莫利泰尔诺羊乳奶酪（新鲜磨碎）
1瓣新蒜或去芽蒜
几片罗勒叶
特级橄榄油
盐之花

用少许橄榄油和手掌压碎的蒜瓣煎平菇，煎至上色，捞出蒜瓣，加入盐之花调味。

预热烤箱至250℃。

在薄撒一层面粉的工作台上，尽可能细致地摊开面团：首先用指尖按压，然后用两只手掌不断推开，使面饼从中心向四周逐渐变大。

用刷子在烤盘上刷一层薄油，然后将面饼置于烤盘上。

淋少许橄榄油在面饼上，放入烤箱烤10分钟。

将水牛奶普罗沃拉奶酪丝和平菇均匀铺放在面饼上，重新进烤箱烤5分钟——烤至比萨金黄松脆。

出烤箱时，撒上罗勒叶，并以莫利泰尔诺羊乳奶酪碎点缀比萨。

美味小贴士

恩佐在燃木比萨炉门边上架一张烤网，用刚刚熄灭的余热来烤平菇，烤至几乎煎皱，脆而多汁，且保留着一点熏烤味儿，这样可以增加这款比萨独有的细腻滋味。如果你正好有BBQ烤炉，不妨一试！

传统

四喜奶酪比萨

芳提娜奶酪、大尾绵羊乳奶酪、古冈左拉奶酪、水牛奶普罗沃拉奶酪、罗勒

这四种奶酪的联袂出演相当精彩：

柔嫩——芳提娜奶酪，轻微辛辣——古冈左拉奶酪，烟熏味——水牛奶普罗沃拉奶酪，醇厚——大尾绵羊乳奶酪。尽管在一张比萨上四种奶酪熔化混合，但是每一种奶酪都保留着自己的个性。这种融合创造出了一种真正的"交替"口感：每一口都是不同的滋味！

准备：10分钟
烤制：15分钟

4人食
250克比萨面团（参见P.18）
50克芳提娜奶酪（大颗粒，新鲜磨碎）
30克大尾绵羊乳奶酪（新鲜磨碎）
50克古冈左拉奶酪（新鲜磨碎）
50克水牛奶普罗沃拉奶酪（细丝）
2片罗勒叶
特级橄榄油

预热烤箱至250℃。

不要预先混合四种奶酪。

在薄撒一层面粉的工作台上，尽可能细致地摊开面团：首先用指尖按压，然后用两只手掌不断推开，使面饼从中心向四周逐渐变大。

用刷子在烤盘上刷一层薄油，然后将面饼置于烤盘上。

淋少许橄榄油在面饼上，放入烤箱烤10分钟。

依次在面饼上铺撒芳提娜奶酪碎、古冈左拉奶酪碎、水牛奶普罗沃拉奶酪丝，重新进烤箱烤5分钟——烤至面饼金黄松脆，奶酪熔化。

出烤箱时，滴上几滴橄榄油，并撒满大尾绵羊乳奶酪碎，然后放上2片罗勒叶作点缀。

茄子与薄荷比萨

油浸茄子、菲罗迪拉奶酪、大尾绵羊乳奶酪、薄荷

憧憬阳光？这就是一款庆祝好天气到来的比萨：适合夏季，万物熔化的（茄子）比萨，还有配料薄荷和牛至带来的一抹清凉与气泡感。

....

准备：10分钟

烤制：15分钟

4人食

250克比萨面团（参见P.18）

1个茄子（选择硬挺而发亮的才足够新鲜）

60~70克安杰罗拉的菲罗迪拉奶酪（细丝）

20克大尾绵羊乳奶酪（新鲜磨碎）

几片薄荷叶嫩芽

几片罗勒叶

特级橄榄油

盐之花

茄子洗净，不要去皮（皮是有味道的），切小块，平底锅中倒入橄榄油，大火油煎5分钟，至茄子变软出水，然后在吸油纸上吸干水分，晾至温热，撒上盐之花、薄荷碎和牛至调味。

预热烤箱至250℃。

在薄撒一层面粉的工作台上，尽可能细致地摊开面团：首先用指尖按压，然后用两只手掌不断推开，使面饼从中心向四周逐渐变大。

用刷子在烤盘上刷一层薄油，然后将面饼置于烤盘上。

淋少许橄榄油在面饼上，放入烤箱烤10分钟。

将菲罗迪拉奶酪丝和茄子铺放在面饼上，重新进烤箱烤5分钟——烤至比萨金黄松脆。

出烤箱时，撒上大尾绵羊乳奶酪碎和罗勒叶。

恩佐·科西亚

西葫芦花比萨

西葫芦花、水牛奶普罗沃拉奶酪、大尾绵羊乳奶酪

草本的（西葫芦花）、熏制的（水牛奶普罗沃拉奶酪）、浓郁的（大尾绵羊乳奶酪）……一道佳肴！

· ·

准备：15分钟
烤制：20分钟

4人食
250克比萨面团（参见P.18）
100~200克西葫芦花
20~30克猪油
70~80克水牛奶普罗沃拉奶酪（细丝）
20克大尾绵羊乳奶酪（新鲜磨碎）
几片罗勒叶
特级橄榄油
盐之花

西葫芦花去蒂，轻轻打开去掉花蕊，然后快速冲水并吸干。平底锅中倒入少许橄榄油，轻炒西葫芦花并加入盐之花调味。

预热烤箱至250℃。

在薄撒一层面粉的工作台上，尽可能细致地摊开面团：首先用指尖按压，然后用两只手掌不断推开，使面饼从中心向四周逐渐变大。

用刷子在烤盘上刷一层薄油，然后将面饼置于烤盘上。

淋少许橄榄油在面饼上，放入烤箱烤10分钟。

将水牛奶普罗沃拉奶酪丝铺撒在比萨饼上，再撒满大尾绵羊乳奶酪碎，然后在上面摆上西葫芦花，重新进烤箱烤5分钟——烤至比萨金黄松脆。

出烤箱时，撒上罗勒叶。

白比萨······与番茄!

由番茄装点的白比萨:水牛奶里科塔奶酪、菲罗迪拉奶酪、科尔巴拉番茄

浓香馥郁、生机勃勃、俏皮:这款比萨让人无法拒绝。

这是一款介于红色与白色之间的比萨,番茄的使用尤为精妙——只是一抹高光色提亮······

因此,恩佐认为这款比萨不能被归为番茄比萨,而是一款由番茄装点的"白比萨"!

对我而言,这款比萨讲述了番茄在征服者时代被带到那不勒斯:"金果子",这种汲取阳光的果子初来乍到时不为人知,谨慎而克制,后来却在那不勒斯美食中大显身手。

准备:15分钟
烤制:20分钟

4人食
250克比萨面团(参见P.18)
60~70克水牛奶里科塔奶酪
40~50克安杰罗拉的菲罗迪拉奶酪(细丝)
6~8个科尔巴拉番茄(罐头装)
1片罗勒叶
特级橄榄油
盐之花

将科尔巴拉番茄沥干,用指尖轻轻压碎,加入少许橄榄油和盐之花调味。

预热烤箱至250℃。

在薄撒一层面粉的工作台上,尽可能细致地摊开面团:首先用指尖按压,然后用两只手掌不断推开,使面饼从中心向四周逐渐变大。

用刷子在烤盘上刷一层薄油,然后将面饼置于烤盘上。

淋少许橄榄油在面饼上,放入烤箱烤5分钟。

在面饼上铺一层里科塔奶酪,撒上菲罗迪拉奶酪丝,均匀铺放稍微沥干了水分的科尔巴拉番茄,重新进烤箱烤10分钟——烤至面饼金黄松脆,番茄煎皱。

出烤箱时,在比萨正中放上罗勒叶作点缀,淋上几滴橄榄油。

恩佐·科西亚

白比萨

南瓜比萨

南瓜、A.O.C.水牛奶马苏里拉奶酪、修道士普罗伏洛奶酪

一款漂亮的秋冬系列比萨！为了尽显南瓜的柔软细腻，恩佐在整个过程不加盐。这道美味的唯一巅峰由修道士普罗伏洛奶酪带来……

准备：20分钟
烤制：25分钟

4人食
250克比萨面团（参见P.18）
150~200克南瓜（去皮去籽）
80克A.O.C.水牛奶马苏里拉奶酪（细丝）
20~30克修道士普罗伏洛奶酪（新鲜磨碎）
几片罗勒叶
特级橄榄油
现磨黑胡椒粉

南瓜切丁，在盖盖儿的煎锅中不加水文火熬煮10分钟——煮至南瓜绵软，用叉子压碎，不加盐。

预热烤箱至250℃。

在薄撒一层面粉的工作台上，尽可能细致地摊开面团：首先用指尖按压，然后用两只手掌不断推开，使面饼从中心向四周逐渐变大。

用刷子在烤盘上刷一层薄油，然后将面饼置于烤盘上。

淋少许橄榄油在面饼上，放入烤箱烤10分钟。

在面饼饼上铺放南瓜和水牛奶马苏里拉奶酪丝，重新进烤箱烤5分钟——烤至比萨金黄松脆。

出烤箱时，撒上黑胡椒粉，摆上罗勒叶，并以修道士普罗伏洛奶酪碎点缀比萨，最后淋上几滴橄榄油。

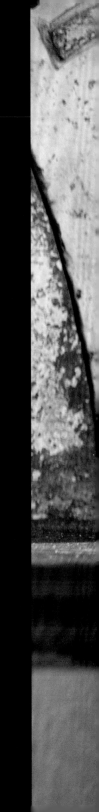

卡尔佐内

苦苣菜卡尔佐内

苦苣菜、水牛奶普罗沃拉奶酪、黑橄榄、切塔拉鳀鱼、大尾绵羊乳奶酪

这一款卡尔佐内，在烤炉中被热气吹起，色味俱佳！

在世界各地的比萨店里，都是用橄榄油煎熟苦苣菜，除了在弗兰考·培培的店里。恩佐就是在他店里第一次尝到了这种独特的填满了生苦苣菜的卡尔佐内。生苦苣菜被面皮温柔地包裹着送进比萨炉。出炉盛至盘中时，苦苣菜依然保持着绿色，盎然的、鲜嫩的……相当美观！

从此，弗兰考店里的这款卡尔佐内就"出口"到40千米外的那不勒斯——恩佐的店里了，现在随着这本书，也就"出口"到你家了！

准备： 15分钟
烤制： 20分钟

2人食（分享1个卡尔佐内）
250克比萨面团（参见P.18）
100克鲜嫩的苦苣菜（菜心）
80克水牛奶普罗沃拉奶酪
4~6条鳀鱼（在橄榄油中浸泡保存）
30克的大尾绵羊乳奶酪（新鲜磨碎）
60~70克柔软的黑橄榄
特级橄榄油

苦苣菜择叶，洗净，沥干水分。橄榄洗净。

预热烤箱至250℃。

在薄撒一层面粉的工作台上，尽可能细致地摊开面团：首先用指尖按压，然后用两只手掌不断推开，使面饼从中心向四周逐渐变大。

用刷子在烤盘上刷一层薄油，然后将面饼置于烤盘上。

淋少许橄榄油在面饼上，将苦苣菜放在面饼的半边，然后再放上水牛奶普罗沃拉奶酪、鳀鱼和橄榄，撒上20克大尾绵羊乳奶酪碎。

把另半边的面饼折叠盖在摆好配料的半边上。捏合边缘，用刷子刷上橄榄油，放入烤箱烤10分钟。

然后再在卡尔佐内上撒上剩余大尾绵羊乳奶酪碎，重新进烤箱烤5分钟。出烤箱时，卡尔佐内烤至熟透、金黄松脆。

经典比萨饺

水牛奶里科塔奶酪、水牛奶普罗沃拉奶酪、卡塞塔黑猪肉萨拉米、西洋菜薹

"Classico"恩佐如此命名这款卡尔佐内！因为经典比萨饺中有番茄作为固定配料。而恩佐一般只放一点（在上层放一点点番茄来迷惑对手），却加入了西洋菜薹……恩佐用西洋菜薹的苦味替换了番茄的酸味，别出心裁！

....

准备：30分钟
烤制：25分钟

2人食（分享1个卡尔佐内）
250克比萨面团（参见P.18）
120~150克水牛奶里科塔奶酪
60~80克水牛奶普罗沃拉奶酪
60克卡塞塔黑猪肉萨拉米
100克煎西洋菜薹（参见P.78"香肠与西洋菜薹比萨"
　食谱做法）
20克莫利泰尔诺羊乳奶酪（新鲜磨碎）
1~2片罗勒叶
1个A.O.C.圣马扎诺番茄（去皮，在特级橄榄油中浸泡
　保存）

将水牛奶普罗沃拉奶酪磨成细丝，罗勒叶捣碎，卡塞塔黑猪肉萨拉米香肠切成薄片，A.O.C.圣马扎诺番茄沥干水分切长条备用。

预热烤箱至250℃。

在薄撒一层面粉的工作台上，尽可能细致地摊开面团：首先用指尖按压，然后用两只手掌不断推开，使面饼从中心向四周逐渐变大。

用刷子在烤盘上刷一层薄油，然后将面饼置于烤盘上。

淋少许橄榄油在面饼上，在面饼的半边铺撒里科塔奶酪，再放上水牛奶普罗沃拉奶酪丝（不要全放，留下一点备用）、西洋菜薹和卡塞塔黑猪肉萨拉米，最后撒上莫利泰尔诺羊乳奶酪碎和罗勒末。

把另半边的面饼折叠盖在摆好配料的半边上。捏合边缘，用刷子刷上橄榄油，放入烤箱烤10分钟。

用A.O.C.圣马扎诺番茄和余下的水牛奶普罗沃拉奶酪丝装饰比萨，重新进烤箱烤5分钟。出烤箱时，卡尔佐内烤至熟透、金黄松脆。

卡尔佐佐内

恩佐·科西亚

猪油渣卡尔佐内

水牛奶里科塔奶酪、猪油渣、大尾绵羊乳奶酪、罗勒

一款入口即化、丝滑多脂的卡尔佐内，美味不可阻挡！

恩佐对于肉食的选择，你尽可放心：他的猪油渣品质卓越——香气馥郁且滋味鲜美，既浓郁又不失精妙的细节。

在这款卡尔佐内中，猪油渣的肉香味使里科塔奶酪的绵软口感得到张扬，罗勒叶和胡椒也带来了讨喜的加分……

不要改动恩佐食谱中的任何步骤，但是你可以选择自己的配料：这款卡尔佐内经不起任何牵强，千万不要在配料中加入马苏里拉奶酪，因为它的黏稠质地会将所有配料黏在一起，打破这款卡尔佐内绵软细腻的口感。然而，里科塔奶酪却能奇迹般地释放出每样配料的品质。并且，不要用橄榄油代替猪油，因为猪油在这款神奇的卡尔佐内入口即化的口感塑造中不可或缺。

....

准备：10分钟
烤制：15分钟

2人食（分享1个卡尔佐内）
250克比萨面团（参见P.18）
120~150克水牛奶里科塔奶酪
100~120克猪油渣
20克大尾绵羊乳奶酪（新鲜磨碎）
1~2片罗勒叶
20克猪油
现磨黑胡椒粉

猪油渣切碎，罗勒叶捣碎。

预热烤箱至250℃。

在薄撒一层面粉的工作台上，尽可能细致地摊开面团：首先用指尖按压，然后用两只手掌不断推开，使面饼从中心向四周逐渐变大。

用刷子在烤盘上刷一层薄油，然后将面饼置于烤盘上。

将熬猪油涂抹在面饼上，在面饼的半边铺撒里科塔奶酪和猪油渣（不要全放，留下一点备用），加黑胡椒粉，撒上大尾绵羊乳奶酪碎和罗勒碎。

把另半边的面饼折叠盖在摆好配料的半边上。捏合边缘，轻轻地刷上猪油，放入烤箱烤10分钟。

将余下的里科塔奶酪和猪油渣装饰在面饼表面，重新进烤箱烤5分钟。出烤箱时，卡尔佐内烤至熟透、金黄松脆。

居鲁士卡尔佐内

里科塔奶酪、马苏里拉奶酪、蓝纹奶酪、水牛肉肠、大尾绵羊乳奶酪、芝麻菜

这是一款以居鲁士大帝（Ciro le Grand）之名进行的创作卡尔佐内。事实上，它确实很奢华，需要严格地掌握各种不同的配料比例，因为每种配料都各具特色，如果配比不当就会破坏这款卡尔佐内的味道。

准备： 30分钟
烤制： 25分钟

2人食（分享1个卡尔佐内）
250克比萨面团（参见P.18）
120~150克水牛奶里科塔奶酪
80克A.O.C.水牛奶马苏里拉奶酪
40克水牛奶蓝纹奶酪
60克水牛牛肉肠
20克大尾绵羊乳奶酪（新鲜磨碎）
1把新鲜的芝麻菜
特级橄榄油

将蓝纹奶酪磨碎，水牛肉肠切碎，马苏里拉奶酪擦丝，芝麻菜择好、洗净、沥干水分。

预热烤箱至250℃。

在薄撒一层面粉的工作台上，尽可能细致地摊开面团：首先用指尖按压，然后用两只手掌不断推开，使面饼从中心向四周逐渐变大。

用刷子在烤盘上刷一层薄油，然后将面饼置于烤盘上。

淋少许橄榄油在面饼上，在面饼的半边铺撒里科塔奶酪，再放上马苏里拉奶酪丝（不要全放，留下一点备用）、水牛肉肠和芝麻菜，最后撒上罗勒叶和大尾绵羊乳奶酪碎。

把另半边的面饼折叠盖在摆好配料的半边上。捏合边缘，用刷子刷上橄榄油，放入烤箱烤10分钟。

将余下的马苏里拉奶酪丝装饰在面饼表面，重新进烤箱烤5分钟。出烤箱时，卡尔佐内烤至熟透、金黄松脆。

一起分享的小点心

安德里亚丝绸奶酪布鲁切塔

安德里亚丝绸奶酪、切塔拉鳀鱼

奶油质地（丝绸奶酪）加海洋风味（鳀鱼）而缔造的美味！

....

准备： 10分钟
烤制： 10~12分钟

6人食（分享1个布鲁切塔）
220克比萨面团（参见P.18）
120~150克安德里亚丝绸奶酪
6条切塔拉鳀鱼（在橄榄油中浸泡保存）
特级橄榄油

预热烤箱至250℃。

在薄撒一层面粉的工作台上，尽可能细致地摊开面团：首先用指尖按压，然后用两只手掌不断推开，使面饼从中心向四周逐渐变大。

用刷子在烤盘上刷一层薄油，然后将面饼置于烤盘上。

用小刀在面饼上切出3~4个凹口，避免面饼在烤制过程中膨胀。淋少许橄榄油在面饼上，放入烤箱烤10~12分钟——布鲁切塔烤至金黄、薄而松脆。

出烤箱时，均匀撒上丝绸奶酪，然后放上鳀鱼。

布鲁切塔

布拉塔奶酪布鲁切塔

安德里亚布拉塔奶酪、圣马扎诺番茄

奶油质地（布拉塔奶酪）加微酸口感（圣马扎诺番茄）……

准备：10分钟

烤制：10~12分钟

6人食（分享1个布鲁切塔）

220克比萨面团（参见P.18）
120~150克安德里亚布拉塔奶酪
6个晒干的圣马扎诺番茄
特级橄榄油

圣马扎诺番茄切细丝，用少许橄榄油浸泡。

布拉塔奶酪顺着纹理切细丝。

预热烤箱至250℃。

在薄撒一层面粉的工作台上，尽可能细致地摊开面团：首先用指尖按压，然后用两只手掌不断推开，使面饼从中心向四周逐渐变大。

用刷子在烤盘上刷一层薄油，然后将面饼置于烤盘上。

用小刀在面饼上切出3~4个凹口，避免面饼在烤制过程中膨胀。淋少许橄榄油在面饼上，放入烤箱烤10~12分钟——布鲁切塔烤至金黄、薄而松脆。

出烤箱时，均匀撒上布拉塔奶酪，然后放上圣马扎诺番茄丝。

茄子布鲁切塔

油浸茄子、水牛奶里科塔奶酪

准备： 10分钟
烤制： 10~12分钟

6人食（分享1个布鲁切塔）
220克比萨面团（参见P.18）
6薄片茄子（浸在橄榄油中）
100~120克水牛里科塔奶酪
切塔拉鲲鱼（在橄榄油中浸泡保存）
6个柔软去核的黑橄榄
特级橄榄油

预热烤箱至250℃。

在薄撒一层面粉的工作台上，尽可能细致地摊开面团：首先用指尖按压，然后用两只手掌不断推开，使面饼从中心向四周逐渐变大。

用刷子在烤盘上刷一层薄油，然后将面饼置于烤盘上。

用小刀在面饼上切出3~4个凹口，避免面饼在烤制过程中膨胀。淋少许橄榄油在面饼上，放入烤箱烤10~12分钟——布鲁切塔烤至金黄、薄而松脆。

出烤箱时，均匀撒上里科塔奶酪，然后摆上茄子卷，最后放上鲲鱼和黑橄榄。

恩佐·科西亚

一起分享的小点心

美味小贴士

准备橄榄油浸茄子：茄子洗净，不要去皮（茄子皮有独特味道）！沿着茄子纵向切成薄片。将茄子片放入平底锅，中大火每一面煎4~5分钟——茄子煎至金黄、软嫩。然后放在吸油纸上吸干多余水分，加盐调味。

布鲁切塔

科罗纳塔猪油膏布鲁切塔

科罗纳塔猪油膏、迷迭香

奶油质地（丝绸奶酪）加海洋风味（鳀鱼）而缔造的美味！

这是一款具有开胃功效的布鲁切塔：科罗纳塔猪油膏的油脂香气，在遇到布鲁切塔的温热时熔化，加上迷迭香的活力，使鼻翼蠢蠢欲动，胃口大开。

....

准备：10分钟
烤制：10~12分钟

6人食（分享1个布鲁切塔）
220克比萨面团（参见P.18）
60克科罗纳塔猪油膏（切成非常薄的片状）
迷迭香细叶若干
特级橄榄油

将一部分迷迭香切碎，剩下一些细叶备用。

在薄撒一层面粉的工作台上，尽可能细致地摊开面团：首先用指尖按压，然后用两只手掌不断推开，使面饼从中心向四周逐渐变大。

用刷子在烤盘上刷一层薄油，然后将面饼置于烤盘上。

用小刀在面饼上切出3~4个凹口，避免面饼在烤制过程中膨胀。淋少许橄榄油在面饼上，放入烤箱烤10~12分钟——布鲁切塔烤至金黄、薄而松脆。

出烤箱时，均匀撒上切碎的迷迭香，铺放科罗纳塔猪油膏薄片，再以少量的新鲜迷迭香细叶作点缀。

布鲁切塔

鲭鱼布鲁切塔

鲭鱼、猪油渣

这是一款甜美的"陆海两栖"布鲁切塔：鲭鱼的细嫩肉质配上猪油渣的滑腻，再加上细香葱一抹漂亮的草本反差……

准备：10分钟
烤制：10~12分钟

6人食（分享1个布鲁切塔）
220克比萨面团（参见P.18）
100~120克鲭鱼（在橄榄油中浸泡保存，罐头装）
40~50克猪油渣
几棵细香葱
特级橄榄油

鲭鱼沥干水分，粗略捣碎。猪油渣切薄片，细香葱切碎。

预热烤箱至250℃。

在薄撒一层面粉的工作台上，尽可能细致地摊开面团：首先用指尖按压，然后用两只手掌不断推开，使面饼从中心向四周逐渐变大。

用刷子在烤盘上刷一层薄油，然后将面饼置于烤盘上。

用小刀在面饼上切出3~4个凹口，避免面饼在烤制过程中膨胀。淋少许橄榄油在面饼上，放入烤箱烤10~12分钟——布鲁切塔烤至金黄、薄而松脆。

出烤箱时，在布鲁切塔上铺放鲭鱼碎和猪油渣，再撒上细香葱碎作为点缀。

木奇罗

香喷喷木奇罗

水牛肉腌火腿、意大利大尾绵羊乳奶酪

从快餐发展成为那不勒斯菜肴：当快变成好……快餐食品，优质食品，又快又好。

这款木奇罗名副其实：sapurito [1]（美味）。好滋味-黑胡椒-入口即溶：享用这道美味只需要三口。

···

准备：10分钟

烤制：10分钟

1人食

50克比萨面团（参见P.18）
2~3片超薄水牛肉腌火腿
10克意大利绵羊大尾奶酪（新鲜磨碎）
黑胡椒粉
特级橄榄油

预热烤箱至250℃。

在薄撒一层面粉的工作台上，尽可能细致地摊开面团：首先用指尖按压，然后用两只手掌不断推开，使面饼从中心向四周逐渐变大。

用刷子在烤盘上刷一层薄油，然后将面饼置于烤盘上。不要切开面饼，面饼需要被烤箱的热气充分地吹起来。

放入烤箱大约烤10分钟：出烤箱时，木奇罗看起来像一个烤至金黄的小气球（内里充气）!

揭开木奇罗，在里面淋上几滴橄榄油，填入水牛肉腌火腿，撒上意大利大尾绵羊乳奶酪碎和黑胡椒粉。

像做小三明治那样合上木奇罗。

[1] sapurito：意大利语，意为"美味的"。——译者注

木奇罗

布雷绍拉风干火腿木奇罗

布雷绍拉风干水牛肉火腿、芝麻菜

木奇罗的配料从来不应该提前煮熟，这样可以使它们保持极致的新鲜，木奇罗出炉时的热度足以融合所有配料，凝结出一种混合的美味。

准备：10分钟
烤制：10分钟

1人食
50克比萨面团（参见P.18）
2~3片超薄布雷绍拉风干水牛肉火腿
2~3个小番茄
几片芝麻菜
10克帕尔马奶酪（新鲜磨碎）
特级橄榄油
盐之花

小番茄一切为四，加入几滴橄榄油和一小撮盐之花调味。

芝麻菜洗净去梗，沥干水分备用。

预热烤箱至250℃。

在薄撒一层面粉的工作台上，尽可能细致地摊开面团：首先用指尖按压，然后用两只手掌不断推开，使面饼从中心向四周逐渐变大。

用刷子在烤盘上刷一层薄油，然后将面饼置于烤盘上。不要切开面饼，面饼需要被烤箱的热气充分地吹起来。

放入烤箱大约烤10分钟：出烤箱时，木奇罗看起来像一个烤至金黄的小气球（内里充气）!

揭开木奇罗，在里面先填入带汁水的小番茄和芝麻菜，淋上几滴橄榄油，撒上帕尔马奶酪碎，最后在铺放上布雷绍拉风干水牛肉火腿片。

像做小三明治那样合上木奇罗。

恩佐·科西亚

一起分享的小点心

干腌火腿木奇罗

水牛肉干腌火腿、A.O.C.维苏威钟摆番茄、斯卡莫扎奶酪

这是一款精致的木奇罗：果香（小番茄）混合的好滋味（水牛肉干腌火腿和斯卡莫扎奶酪）……

准备： 10分钟
烤制： 10分钟

1人食
50克比萨面团（参见P.18）
30克熏制斯卡莫扎奶酪（细丝）
2~3个A.O.C.维苏威钟摆番茄（罐头装）
2~3片水牛肉干腌火腿薄片
特级橄榄油
盐之花

将A.O.C.维苏威钟摆番茄沥干水分，用指尖轻轻挤碎，加入少许橄榄油和一小撮盐之花调味。

预热烤箱至250℃。

在薄撒一层面粉的工作台上，尽可能细致地摊开面团：首先用指尖按压，然后用两只手掌不断推开，使面饼从中心向四周逐渐变大。

用刷子在烤盘上刷一层薄油，然后将面饼置于烤盘上。不要切开面饼，面饼需要被烤箱的热气充分地吹起来。

放入烤箱大约烤10分钟：出烤箱时，木奇罗看起来像一个烤至金黄的小气球（内里充气）！

揭开木奇罗，填入带汁水的A.O.C.维苏威钟摆番茄和斯卡莫扎奶酪。将敞开的木奇罗重新放入烤箱烤2分钟——烤至斯卡莫扎奶酪熔化，小番茄煎皱。

出烤箱时，铺放上2~3层干腌火腿片。

像做小三明治那样合上木奇罗。

恩佐·科西亚

一起分享的小点心

木奇罗

甜味木奇罗

两种巧克力馅

如此美味……怎能抵挡？那就别抵挡了！

面包与巧克力：我记忆中童年吃的"巧克力可颂"的比萨版本……

准备： 10分钟
烤制： 10分钟

2人食
2个50克比萨面团（参见P.18）
2勺手工制作的黑巧克力酱（可可粉含量80%）
2勺吉安杜佳巧克力酱（内含皮埃蒙特大区榛子）
橄榄油

预热烤箱至250℃。

在薄撒一层面粉的工作台上，尽可能细致地摊开面团：首先用指尖按压，然后用两只手掌不断推开，使面饼从中心向四周逐渐变大。

用刷子在烤盘上刷一层薄油，然后将面饼置于烤盘上。不要切开面饼，面饼需要被烤箱的热气充分地吹起来。

放入烤箱大约烤10分钟：出烤箱时，木奇罗看起来像一个烤至金黄的小气球（内里充气）!

揭开木奇罗，里面一面涂抹黑巧克力酱，另一面涂抹内含皮埃蒙特大区榛子的吉安杜佳巧克力酱。

像做小三明治那样合上木奇罗。

面卷

蔬菜卷

三种夏季蔬菜馅料：西葫芦、茄子和辣椒

准备：15分钟
烤制：12~15分钟

6人食

220克比萨面团（参见P.18）

30~40克油浸西葫芦（参见P.76"西葫芦与培根比萨"食谱做法）

30~40克油浸茄子（参见P.84"茄子与薄荷比萨"食谱做法）

30~40克油浸黄辣椒（参见P.54"彩椒与普罗沃拉比萨"食谱做法）

2~3个小番茄

20克意大利大尾绵羊乳奶酪（新鲜磨碎）

特级橄榄油

将小番茄切小块，在平底锅中和茄子一起煎2~3分钟。

预热烤箱至250℃。

在薄撒一层面粉的工作台上，尽可能细致地将面团摊开成长而宽的带状：首先用指尖按压，然后用两只手掌不断推开，使面饼拉长。

用刷子在烤盘上刷一层薄油，然后将长条面饼置于烤盘上。

沿长条面饼纵向的一半铺满茄子、西葫芦和大块辣椒，撒上意大利大尾绵羊乳奶酪碎，然后将没有放配料的另一半折叠盖住有配料的一半，捏好边儿。

在长条面饼的上方切几个小口，使烤制过程中的水蒸气能够排出。用刷子在面卷上轻刷橄榄油。

放入烤箱烤12~15分钟——面卷烤至金黄酥脆。

美味小贴士

挑战一下这款蔬菜卷的秋季版本：

用蘑菇做馅料：牛肝菌、鸡油菌、喇叭菌……

为什么不来一份松露卷呢？

恩佐·科西亚

一起分享的小点心

面卷

鳀鱼卷

水牛奶普罗沃拉奶酪、切塔拉鳀鱼

富含碘的熏制口味，这一款面卷浓香四溢……再配上一小杯咖啡——完美的美食小憩标配！

准备：5分钟

烤制：12~15分钟

6人食

220克比萨面团（参见P.18）

80克水牛奶普罗沃拉奶酪（细丝）

8~10条切塔拉鳀鱼（在橄榄油中浸泡保存）

特级橄榄油

预热烤箱至250℃。

在薄撒一层面粉的工作台上，尽可能细致地将面团摊开成长而宽的带状：首先用指尖按压，然后用两只手掌不断推开，使面饼拉长。

用刷子在烤盘上刷一层薄油，然后将长条面饼置于烤盘上。

沿长条面饼纵向的一半铺满水牛奶普罗沃拉奶酪和切塔拉鳀鱼，然后将没有放配料的另一半折叠盖住有配料的一半，捏好边儿。

在长条面饼的上方切几个小口，使烤制过程中的水蒸气能够排出。用刷子在面卷上轻刷橄榄油。

放入烤箱烤12~15分钟——面卷烤至金黄酥脆。

面卷

西葫芦花小卷

西葫芦花、水牛奶里科塔奶酪&水牛奶普罗沃拉奶酪、意大利大尾绵羊乳奶酪

这款面卷口味非常草本清淡，几乎能闻到花香味……（恩佐所用的西葫芦花，更确切地说，其实……是西葫芦花苞！）

准备： 5分钟

烤制： 12~15分钟

6人食

220克比萨面团（参见P.18）
120~130克西葫芦花（用橄榄油煎一下，参见P.86 "西葫芦花比萨"食谱做法）
50~60克水牛奶里科塔奶酪
40~50克水牛奶普罗沃拉奶酪（细丝）
20克意大利大尾绵羊乳奶酪（新鲜磨碎）
特级橄榄油

预热烤箱至250℃。

在薄撒一层面粉的工作台上，尽可能细致地将面团摊开成长而宽的带状：首先用指尖按压，然后用两只手掌不断推开，使面饼拉长。

用刷子在烤盘上刷一层薄油，然后将长条面饼置于烤盘上。

淋上少许橄榄油，沿长条面饼纵向的一半铺满里科塔奶酪和普罗沃拉奶酪，再放西葫芦花，撒上意大利大尾绵羊乳奶酪碎，最后将没有放配料的另一半折叠盖住有配料的一半，捏好边儿。

在长条面饼的上方切几个小口，使烤制过程中的水蒸气能够排出。用刷子在面卷上轻刷橄榄油。

放入烤箱烤12~15分钟——面卷烤至金黄酥脆。

美味小贴士

现在你学会了，那么再看看下面几个花样版本：

花式小卷1：水牛奶里科塔奶酪、包布烤制的火腿。

花式小卷2：里科塔奶酪、安杰罗拉菲罗迪拉奶酪、剔骨后腰腿风干火腿。

花式小卷3：水牛奶普罗沃拉奶酪、香肠和西洋菜薹。

花式小卷4：里科塔奶酪、水牛奶马苏里拉奶酪和萨拉米。

花式小卷5：煎蘑菇、水牛奶普罗沃拉奶酪、波多利科马背奶酪。

其他的由各位来补充吧……

茄子一口鲜

水牛奶普罗沃拉奶酪、茄子、罗勒、意大利大尾绵羊乳奶酪

如此好吃……以至于不愿与别人分享！夏季匆忙之中的一顿完美午餐！

准备： 10分钟
烤制： 15分钟

2人食（分享1个一口鲜）
220克比萨面团（参见P.18）
80克水牛奶普罗沃拉奶酪（细丝）
100~120克油浸茄子（参见P.84"茄子与薄荷比萨"
　食谱做法）
5~6个A.O.C.维苏威钟摆番茄（罐头装）
20克意大利大尾绵羊乳奶酪（新鲜磨碎）
几片罗勒叶
特级橄榄油
盐之花

A.O.C.维苏威钟摆番茄去蒂，用指尖轻轻挤碎，加入少许橄榄油和一小撮盐之花调味。

预热烤箱至250℃。

在薄撒一层面粉的工作台上，尽可能细致地摊开面团：首先用指尖按压，然后用两只手掌不断推开，使面饼从中心向四周逐渐变大，慢慢揉成椭圆形。

用刷子在烤盘上刷一层薄油，然后将面饼置于烤盘上。不要切开面饼，面饼需要被烤箱的热气充分地吹起来。用刷子在面上轻刷橄榄油。

放入烤箱烤10~12分钟：出烤箱时，一口鲜看起来像一个烤至金黄的椭圆形小气球（内里充气）!

揭开一口鲜，在里面填入水牛奶普罗沃拉奶酪、茄子、番茄、罗勒碎，再撒满意大利大尾绵羊乳奶酪碎，然后重新放入烤箱烤2分钟，使各种配料完全融合。

出炉时，像合上卡尔佐内那样合上一口鲜。

Passione

Passion

Passion

+ Passion

Passion

Passion

Passion

阿尔芭的食谱

放入我的盐粒，让他意料之外，使他措手不及。

他，恩佐·科西亚，只看食材的品质而打分。

那怎么可能？当然，只有在香料施了魔法的时候……

每一道比萨和每一种香料的碰撞都是一场精妙的冒险。

那异域风情的小风，在恩佐·科西亚比萨店里疯狂穿行。

黑白配布鲁切塔

墨鱼仔墨、马苏里拉奶酪&水牛奶里科塔奶酪、肉豆蔻的假种皮&墨西哥干辣椒碎

黑白色的布鲁切塔，反衬不只存在于视觉：墨鱼墨微苦的海洋风，反衬马苏里拉奶酪&里科塔奶酪的奶油丝滑质地……

这是一款精致的布鲁切塔，它的优雅也源自所使用的香料。

肉豆蔻的假种皮是一种细腻的树皮，包裹着肉豆蔻，新鲜时颜色火红，晒干后呈琥珀色。它脆脆的小片比肉豆蔻更加香气迷人，诱惑感十足。它的加入为这款比萨增添了一份精致与细腻。

"Chipotle"是熏干的墨西哥辣椒。辛辣——但辣味并不持久，果香味和烟熏味很快就占了上风。将它撒在墨鱼仔上，使美味更加集中地呈现出来。

准备： 15分钟
烤制： 11~14分钟

6人食（分享1个布鲁切塔）
220克比萨面团（参见P.18）
1~2小袋墨鱼墨
10~12个墨鱼仔
100克水牛奶马苏里拉奶酪
80克水牛奶里科塔奶酪
2~3撮墨西哥干辣椒碎
4~5片肉豆蔻的假种皮
特级橄榄油
盐之花

在凉水中冲洗墨鱼仔，擦干，保留整个的墨鱼仔不要掏空。

在平底锅中加入少许橄榄油，放入墨鱼仔煎1~2分钟，加入少许盐之花。

预热烤箱至250℃。

在薄撒一层面粉的工作台上，尽可能细致地摊开面团：首先用指尖按压，然后用两只手掌不断推开，使面饼从中心向四周逐渐变大。

用刷子在烤盘上刷一层薄油，然后将面饼置于烤盘上。

用小刀在面饼上切出3~4个凹口，避免面饼在烤制过程中膨胀。淋少许橄榄油在面饼上，放入烤箱烤10~12分钟——布鲁切塔烤至金黄、薄而松脆。

出烤箱时，在热乎乎的布鲁切塔上均匀撒上马苏里拉奶酪和里科塔奶酪，然后加入墨鱼墨（像有写作欲望那样酣畅用墨）！把墨鱼仔放在布鲁切塔中心，撒上墨西哥干辣椒碎，再装点几片肉豆蔻的假种皮。

扇贝布鲁切塔

扇贝、来自马伊达的可可味橄榄酱、辣味可可

我喜欢通过加入可可激发出扇贝的滋味。马伊达酱是一种掺有大量可可的橄榄泥，这种组合体现了一种滑腻与香气的完美平衡。

拉斐尔·巴尔洛提（Raffaele Barlotti）——恩佐·科西亚御用的食材生产和供应商，为他提供马苏里拉奶酪、水牛奶普罗沃拉奶酪、里科塔奶酪、熟肉制品。恩佐给我品尝过弗朗西斯科（Francesco）和法布里齐奥·瓦西托拉（Fabrizio Vastola）父子的产品，他们也做马伊达酱，是齐伦托的一个罐装食品家族手工作坊。（Azienda agricola Francesco Vastola, **www.vastolaitaly.com**）

辣味可可是一种美味而辛辣的香料混合物：可可豆、顿加豆、粉红胡椒、薰衣草和几内亚胡椒……这些我都在古芒亚特香料店（Goumanyat）里买 ——对我来说，它就是佐料、胡椒和其他香料的王国。记住它不容错过的地址：巴黎三区 Charles-François-Dupuis街3号，网址：**www.goumanyat.com**。

准备： 15分钟
烤制： 10~12分钟

6人食（分享1个布鲁切塔）
220克比萨面团（参见P.18）
4~5个扇贝（去壳）
2~3勺来自马伊达的可可味橄榄酱（马伊达酱）
几粒粉红胡椒
2~3撮辣味可可
特级橄榄油
盐之花

扇贝肉冲水，擦干，切成小薄片。
预热烤箱至250℃。

在薄撒一层面粉的工作台上，尽可能细致地摊开面团：首先用指尖按压，然后用两只手掌不断推开，使面饼从中心向四周逐渐变大。

用刷子在烤盘上刷一层薄油，然后将面饼置于烤盘上。

用小刀在面饼上切出3~4个凹口，避免面饼在烤制过程中膨胀。淋少许橄榄油在面饼上，放入烤箱烤10~12分钟——布鲁切塔烤至金黄、薄而松脆。

出烤箱时，在布鲁切塔正中涂抹一大块马伊达酱，然后在四周摆放扇贝肉小薄片，轻轻相互交叠围成一小圈儿，淋几滴橄榄油，撒上轻轻碾碎的粉红胡椒粒，最后撒上盐之花和辣味可可。

干无花果比萨

齐伦托白无花果、里科塔奶酪、腌鲻鱼子、塔斯马尼亚胡椒

塔斯马尼亚胡椒是一种延时调味剂：它发皱的小粒，首先绽放一种花香味道，香到甜腻，然后再释放它的热辣之力，只要一小撮，就足以麻痹你的味蕾……

这款比萨先有腌鲻鱼子的鲜美提味，后又在无花果的醇厚中平静下来……

齐伦托圣托蜜莱白无花果是与众不同的：采摘于成熟之际，先去皮，然后在夏天的炎炎烈日中晒干，果实饱满，果肉稠厚，醇香扑鼻，入口即溶，自带甘甜。

我第一次品尝到圣托蜜莱的无花果也是拜拉斐尔·巴尔洛提所赐，我还参观了他们的加工车间以及他们位于普里尼亚诺齐伦托（Prignano Cilento）的生产车间。（**www.santomiele.it**）

如果你有一天到了那里，那可是必须打卡的地方！

准备： 15分钟
烤制： 10~12分钟

4人食
220克比萨面团（参见P.18）
4~5个柔软晒干的齐伦托白无花果
100~120克水牛奶里科塔奶酪
30克腌鲻鱼子
几粒塔斯马尼亚胡椒
特级橄榄油

无花果切薄片。腌鲻鱼子磨碎。塔斯马尼亚胡椒捣碎。

预热烤箱至250℃。

在薄撒一层面粉的工作台上，尽可能细致地摊开面团：首先用指尖按压，然后用两只手掌不断推开，使面饼从中心向四周逐渐变大。

用刷子在烤盘上刷一层薄油，然后将面饼置于烤盘上。

淋少许橄榄油在面饼上，放入烤箱烤10分钟。

在比萨上均匀铺撒一层里科塔奶酪，铺放无花果，重新进烤箱烤5分钟——烤至面饼金黄松脆，里科塔奶酪熔化，无花果煎皱。

出烤箱时，撒上大量的腌鲻鱼子碎和少量的塔斯马尼亚胡椒粉。

恩佐·科西亚

阿尔芭的食谱

致敬古尔蒂洛·马尔凯西比萨

金箔欧芹柠檬蒜蓉酱比萨：向古尔蒂洛·马尔凯西（Gualtiero Marchesi）致敬

古尔蒂洛·马尔凯西（Gualtiero Marchesi）——"新意大利烹饪"之父，著名的"risotto oro e zafferano"（藏红花金箔烩饭）的创始人：用他极为考究的手法重新演绎的传统美食。我希望以这款比萨向他致敬，也向"伟大的"意大利美食文化致敬。通常，谈论"藏红花烩饭"的人也会提到"欧芹柠檬蒜蓉酱炖牛膝"。

这款比萨上既没有米，也没有带骨髓的骨头（尽管如此……），但是其余的配料一样也不少：黄色的藏红花、格雷莫拉塔（鳀鱼、欧芹、柠檬皮）以及金箔！

尼泊尔的蒂穆特胡椒是四川胡椒一个不为人知的近亲，粒小色深，滋味在口中爆发：木本的清新，伴着柠檬香，新鲜浓郁。在这款"经典传统"的比萨上，蒂穆特胡椒制造了惊喜……当心用量：几粒就足够！

准备： 15分钟
烤制： 15分钟

4人食

220克比萨面团（参见P.18）
80克水牛奶普罗沃拉奶酪（细丝）
100~120克水牛奶里科塔奶酪
4~5条鳀鱼（在橄榄油中浸泡保存，罐头装）
几片欧芹叶
几小撮姜黄
1/2个未经处理的柠檬
几粒尼泊尔的蒂穆特胡椒
1片食用金箔
特级橄榄油

欧芹叶磨碎。用一把小锉刀取柠檬皮。将尼泊尔的蒂穆特胡椒细致地捣碎。

预热烤箱至250℃。

在薄撒一层面粉的工作台上，尽可能细致地摊开面团：首先用指尖按压，然后用两只手掌不断推开，使面饼从中心向四周逐渐变大。

用刷子在烤盘上刷一层薄油，然后将面饼置于烤盘上。

淋少许橄榄油在面饼上，放入烤箱烤10分钟。

在比萨上均匀铺撒一层里科塔奶酪和普罗沃拉奶酪丝，撒上姜黄，重新进烤箱烤5分钟——烤至面饼金黄松脆，里科塔奶酪和水牛奶普罗沃拉奶酪熔化。撒少许尼泊尔的蒂穆特胡椒，再进烤箱烤几秒钟，将胡椒的香味激发出来。

出烤箱时，在比萨上摆放鳀鱼，撒大量欧芹碎和柠檬皮，然后用金箔装点。

甜比萨

糖渍小柑橘、西西里开心果、顿加豆

作为压轴，我想来个温柔收尾。简单而不可抵挡的——对于我这个母亲来自西西里岛的孩子——开心果和糖渍橙皮，是将我带往那个魂牵梦绕的小岛的车票！

如西西里一般，顿加豆同样令人销魂……它是巴西柚木的果实：成熟时采摘，出豆前需要晾晒几乎整整一年，它的香味甘甜而洋溢：香草、苦杏仁、巧克力、焦糖、切干草、烟草、麝香……

复杂和巴洛克：顿加豆就是西西里岛的味道！

....

准备：15分钟
烤制：15分钟

4人食
220克比萨面团（参见P.18）
120~150克水牛奶里科塔奶酪
10~12个糖渍小柑橘
2勺I.G.P.布朗特开心果
1个顿加豆
特级橄榄油

将开心果粗略地碾碎。

预热烤箱至250℃。

在薄撒一层面粉的工作台上，尽可能细致地摊开面团：首先用指尖按压，然后用两只手掌不断推开，使面饼从中心向四周逐渐变大。

用刷子在烤盘上刷一层薄油，然后将面饼置于烤盘上。

淋少许橄榄油在面饼上，放入烤箱烤10分钟。

将里科塔奶酪和糖渍小柑橘铺放在比萨上，重新进烤箱烤5分钟重新进烤箱烤5分钟——烤至面饼金黄松脆，里科塔奶酪熔化，糖渍小柑橘着焦糖色。

出烤箱时，在比萨上撒开心果碎，用小锉刀磨撒顿加豆末。

不紧不慢的
激情！

培培老风味酒馆&比萨店
（ANTICA OSTERIA PIZZERIA PEPE）

地址：Vico San Giovanni 3
81013 Caiazzo CE
电话：0039 0823 862718
每周一休息，只在晚上营业。
早上弗兰考得揉面！

最后的手工比萨匠人——弗兰考·培培

弗兰考·培培（Franco Pepe）是唯一一个能让我背弃那不勒斯传统比萨的人。

我期待着能快点见到弗兰考——一位游走于比萨和面包之间的大厨。

从1931年起，弗兰考的爷爷奇奇奥（Ciccio）和父亲斯特凡诺（Stefano）做的比萨便在旅馆的客饭小桌上散发着热腾腾的面包香，那是一种坦诚的香气。

自从成为家族比萨店的掌门人，弗兰考更加具象化了他对传统比萨及"此地已非那不勒斯"的情结。

我们在卡亚佐（Caiazzo），位于那不勒斯北部40千米的地方，距离卡塞塔（Caserta）10千米……

稳重、认真、没有废话，当说起"他的"比萨时，弗兰考的脸仿佛被点亮了，展露微笑："不是只有那不勒斯比萨的……"他对我说，来自温柔而矜持的男中音，却掷地有声，不容置疑。

弗兰考的比萨非常有名：人们远道而来只为一饱口福！

热情、坦诚到极致的简单，弗兰考是家乡美丽产品的推广者。他的比萨处于一个汇集了众多杰出美食生产者的小网络的中心位置。他们都在距离他比萨店几千米的地方，是他的邻居、他的朋友。弗兰考的比萨非常与众不同——因为很"慢"。

从揉面开始，严格地手工作业，弗兰考可能是最后一个坚持这么做的人……优雅的动作和他父亲当年如出一辙，在一个山毛榉木的和面槽——揉面盆中揉面。

发酵需要持续12小时。

涂抹了酱汁、铺满了配料的比萨，被送进一个他父亲喜欢的炉子里烤熟。这烤炉比一般的要高大，炉口更窄一些，用木屑加热，这样能更精确地控制炉温，烤得更加细致。

弗兰考的比萨是何等的秀色可餐啊！金黄的、通透的、松脆的，在烤炉中被热腾腾地吹起……

他用白比萨、佛卡夏意式面包招待我。我在他的简约风格中，体会到了极尽可能的轻妙滋味和面饼香味。

然后是玛格丽特比萨隆重登场。他的这道比萨给出了一个如何处理好比萨多配料融合的教科书式范例：没有多余和过犹不及，只有恰如其分，在番茄、马苏里拉奶酪和罗勒之间达到平衡之美。

最后他宣布："Calzone ripeno di scarole, olive, capperi ed acciughe."（译者注：意大利语为"塞满了苦苣菜、卡亚佐橄榄、刺山柑和凤尾鱼的卡尔佐内。"）正中我下怀！

填入卡尔佐内的苦苣菜被折起来的面盒儿包裹，在烤炉中烤熟，好像包在一片糖纸里那样。

烤制过程中，弗兰考通过调整木屑来控制烤炉内的温度。

成果呢？——一个烤得恰到好处的面饼：细腻、紧致、柔软、色泽柔美。

内里包裹的卷叶依旧保持绿色且酥脆可口——此为"色"，要论"香"和"味"：

橄榄、刺山柑花蕾、卡塞塔鳀鱼和当地产的橄榄油，都是活泼而浓郁的……

你正在寻找一个合适的理由去拜访弗兰考·培培？别想了，仅凭这个卡尔佐内就不虚此行！

1&2. 坎佩斯特里农庄的古法油渍奶酪［位于卡斯泰尔迪萨索（à Castel Di Sasso）］

弗兰考的"慢餐主义"令它重现。口味和香气浓郁而辛辣：被保存在小的陶制双耳尖底瓮中，浸裹以油、醋、胡椒和辣椒，品尝时佐以柠檬果酱、无花果果酱、番木瓜果酱或栗子蜂蜜。

3. 瑞阿耐罗农庄的熏干小香肠［位于鲁维亚诺（à Ruviano）］

路契阿诺·德·梅奥（Luciano Di Meo）在他的农场中使用卡塞塔的黑猪肉生产卓越的熟肉制品：猪头颈肉火腿、肉肠、压制干火腿、腌制五花肉、猪杂肠……

4. 马里奥·契普瑞阿诺卡玛精酿啤酒［位于阿尔维尼亚诺（à Alvignano）］

这家啤酒厂生产天然啤酒，经长期发酵，口味甘美，有时候有轻微的……焦糖香！

5. 路契阿诺·德·梅奥（Luciano Di Meo）　　6. 卡亚佐（Caiazzo）周边低缓的山丘和葡萄园

西罗·科西亚（CIRO COCCIA）

幸运比萨店（Pizzeria Fortuna）

他的比萨不经意间阐释了人生理想！

那不勒斯比萨无冕之王——西罗·科西亚

当我馋比萨的时候，我就会梦到西罗·科西亚（Ciro Coccia）做的比萨。

他那天然的、大众的、坦诚的比萨见证了他的承诺：好面、好料、好火候、好味道、好分量、好大一个！这物美、量大、价廉的品质很让我欣喜：西罗的比萨大得要溢出盘子，是每个那不勒斯饥肠辘辘的顽童的梦想！

拉戈斯塔（Ragosta）兄弟是西罗御用优质马苏里拉奶酪和里科塔奶酪的供货商，在邻近的洛拉纳门（Porta Nolana）市场。他们坚持让我见西罗一面。我认识恩佐·科西亚——西罗的兄弟，也是那不勒斯比萨无可争议的教皇。但西罗和他兄弟不是一回事……

他的奶奶福尔图娜（Fortuna，意为"幸运"）开了家用自己的名字命名的比萨店。

他长于揉面盆和烤炉之间。"生来就是做比萨的"他对我如是说。

从生面团到烤好的比萨，他深谙其中所有的奥妙。发酵时长从9小时到12小时，他前一天晚上和面，发酵之后做第二天早上的比萨。

他的比萨和卡尔佐内是保留传统的那种。食谱用的还是奶奶留下的那份。在大众的街区里价格亲民。他的顾客是习惯于早起的劳动阶级——市场上的工人和火车站的上班族，行人和路过的游客。

那不勒斯人民的嘴是很挑剔的，都是美食家！

比萨店外的玻璃橱窗展示着可供外带的好东西：玛格丽特比萨、玛利亚娜比萨、夹馅比萨、填馅比萨饺和一些小炸物——现做现卖，现买现吃。

玛格丽特比萨售价1.5欧元，还有比这更实惠的吗？一卷为四的"钱夹"款是顾客们在斑马线等待时手握的盛宴，站着吃，接着赶路……主旨一句话：好味道，大家享！

走进店里，红白方块相间的纸质桌布，墙壁是太阳的暖黄色，比萨店的柜台和展示在眼前的烤炉：西罗没什么好掩藏的！

笑意盈盈的帅小伙，西罗家配料满满当当的比萨，每天7点起营业。

"可是西罗，谁早上7点吃比萨呢？"

"我，我每天早上第一个吃比萨！"他回答我，"还有那些在市场上干活儿、赶火车的人们。"

与他忠实共事了12年的同事阿尔弗雷多（Alfredo）掌炉，一台山毛榉木制的烤炉——最好的也是最贵的烤炉。乔瓦尼（Giovanni）负责店堂，帕特里齐奥（Patrizio）负责外面的外带橱窗。

除了比萨、填馅比萨饺和一口鲜，如果你觉得这份菜单就是全部了，那你是不了解那不勒斯人。

"Scomodo"，用文学语言来解释，意思是"引起的拘束"……

在光顾幸运比萨店（Pizzeria Fortuna）之前我不知道Scomodo。

难以置信但却是真实发生：有些顾客带着他们的食材（小番茄、一锥纸袋鳀鱼、一块漂亮的马苏里拉奶酪……），让西罗用这些做一张比萨，然后他们在午餐的时候过来吃掉。

于是，西罗微笑着即兴创作。制作过程中的每一分钟都充满了惊喜和意料之外，令人吃惊的比萨、创意满满的比萨、满口流香的比萨。顾客的享受就是他的乐趣所在。

那么，Scomodo多少钱呢？

几乎就是烤面团的价格再加上坐在桌子旁大快朵颐而带来的局促感……

西罗是一个能让时间停滞的魔术师。玛格丽特比萨售价1.5欧元的时代和Scomodo的时代早已不复存在。然而，走进洒满阳光的幸运比萨店，你就能穿越到那个时代去……

我在西罗店里吃了一个超棒的卡尔佐内，苦苣菜、普罗沃拉奶酪、橄榄、鳀鱼，我最喜欢的一款。

就像一个细软流香的面粉做的珠宝匣，里面慷慨地填满了各种配料，入口即溶，香气扑鼻。

一个超大的卡尔佐内，烤得无懈可击，我津津有味地吃着。

"你喜欢吗？"

"非常喜欢！"当我的盘子空了的那一刻，我感到浑身轻快，有种被宠溺、被满足、被弥补的幸福感……

西罗的平价好比萨，虽然他自己不知晓，却妥妥地养活最广大的人民群众。他的微笑，让人感到幸福。

"每个人都有吃好的权力！"在我离开前西罗如是对我说……

幸运比萨店（PIZZERIA FORTUNA）
地址：Via Pasquale Stanislao Mancini, 8
80139 Napoli
电话：（+39）081205380
周一至周六 7:00—16:00点营业。

从西罗店里出来想喝杯咖啡？温柔地小小消食一下？

两个地址：安特纳乔（Attanasio），那不勒斯夹心千层酥的圣殿，去柜台买一个刚出炉的夹心千层酥尝尝吧，绝对是难以忘怀的味道！

还有安娜·贝拉维特（Anna Bellavita）酒吧和糕点铺，有醇香的咖啡，质感非常柔和。

安特纳乔（ATTANASIO）
地址：Vico Ferrovia, 2
80142 Napoli

安娜·贝拉维特酒吧&糕点铺
（PASTICCERIA BAR ANNA
BELLAVITA）
地址：Corso Giuseppe Garibaldi, 84
80142 Napoli

安特纳乔和安东尼奥·拉古斯特兄弟店
（FRATELLI RAGOSTA ANASTASIO E
ANTONIO）
地址：Via Cesare Carmignano, 101
80142 Napoli

西罗·科西亚的食材

西罗，玛格丽特比萨之王

西罗·科西亚

玛格丽特比萨之王

轶事

一位看起来与众不同的先生，夹着一个布提包走进幸运比萨店。

他早就认识西罗，也认识西罗的父亲。他点了一张玛格丽特比萨，外带，并补充说："老样子，不装盒。"

于是，西罗照做：把比萨折起来，用一张铝箔纸包好，放到客人的提包中。

我疑惑地望着西罗，他解释道："他是个有钱人，不想让邻居们知道自己也吃这么稀松平常的大众比萨!"

这种事只会发生在那不勒斯……

经典玛格丽特比萨

所谓"经典"的玛格丽特比萨版本：量加大到溢出盘子，配料更加丰富——马苏里拉奶酪、菲罗迪拉奶酪和帕尔马奶酪碎。

准备： 15分钟

烤制： 15分钟

4人食

280克比萨面团（参见P.18）

80克番茄酱

80克菲罗迪拉奶酪（切成薄片）

20克帕尔马奶酪（新鲜磨碎）

几片罗勒叶

橄榄油

盐

将番茄酱盛入一只碗中，加入少许橄榄油和一小撮盐调味。

预热烤箱至250℃。

在薄撒一层面粉的工作台上，尽可能细致地摊开面团：首先用指尖按压，然后用两只手掌不断推开，使面饼从中心向四周逐渐变大。

用刷子在烤盘上刷一层薄油，然后将面饼置于烤盘上。

淋少许橄榄油在面饼上，以顺时针方向在面饼上摊开番茄酱，放入烤箱烤10分钟。

在比萨上均匀铺撒一层菲罗迪拉奶酪和帕尔马奶酪，重新进烤箱烤5分钟——烤至面饼金黄松脆，菲罗迪拉奶酪熔化。

出烤箱时，放几片罗勒叶作点缀。

西罗·科西亚

玛格丽特比萨之王

外带版折叠玛格丽特比萨

西罗的玛格丽特比萨有外带版本：在外带窗口，有一款折成三折钱包或者一本小书样式的比萨，这是一款全民美食，方便可得。它的发明就是为了满足那不勒斯人大快朵颐的愿望！折四下，站在斑马线边上吃掉——绝对是一个回味无穷的小憩时光！

西罗·科西西亚

玛格丽特比萨之王

在西罗家，玛格丽特比萨跟客人一样多！

一位顾客走进来，看起来急匆匆的，在点比萨之前，他翻了翻口袋数了一下零钱，"西罗，我要一张2.1欧元的玛格丽特比萨，不多不少，要正好！"

1&2. "游荡"的玛格丽特比萨
罗莎（Rosa）——西罗的一位女顾客，总是时不时就不想做饭了，她骑着小摩托车来给全家买玛格丽特比萨，随身带着一个比萨模子和一块布，便于将比萨带回家！于是西罗马上开始做，一出炉比萨就被放进模子里，罗莎满眼欢喜和馋欲地将它用布包起来。

比萨被端上她家餐桌的时候还是热的：一家人围桌而坐，欢乐的气氛好像过节一样！

在那不勒斯，幸福有时就是如此简单……

3. 餐桌上的玛格丽特比萨
被端上餐桌的玛格丽特比萨。

4. 白花夹竹桃玛格丽特比萨
比经典款玛格丽特比萨稍微贵一些，用马苏里拉奶酪代替菲罗迪拉奶酪。

5. 加了番茄条、普罗沃拉奶酪和里科塔奶酪的A.O.C.玛格丽特比萨
P.172的玛格丽特比萨的超奶油质感衍生款。用附近产的小番茄和水牛奶普罗沃拉奶酪（适宜熏制）代替马苏里拉奶酪。出炉时在比萨上放小鱼丸子，里科塔奶酪在烤制的热度中逐渐熔化，直至消失隐匿……好像香缇奶油一般！

5

3

4

*A.O.C.*玛格丽特比萨（番茄条）

小番茄

准备：15分钟

烤制：15分钟

4人食

280克比萨面团（参见P.18）

12~15个小番茄

100~120克A.O.C.水牛奶马苏里拉奶酪（切成薄片）

20克帕尔马奶酪（新鲜磨碎）

几片罗勒叶

橄榄油

盐

将小番茄一切为四（番茄条），加入少许橄榄油和一小撮盐调味。

预热烤箱至250℃。

在薄撒一层面粉的工作台上，尽可能细致地摊开面团：首先用指尖按压，然后用两只手掌不断推开，使面饼从中心向四周逐渐变大。

用刷子在烤盘上刷一层薄油，然后将面饼置于烤盘上。

淋少许橄榄油在面饼上，放入烤箱烤10分钟。

在比萨上铺放小番茄和马苏里拉奶酪片，撒上帕尔马奶酪碎，重新进烤箱烤5分钟——烤至面饼金黄松脆，小番茄即将煎皱还带着汁水，马苏里拉奶酪熔化。

出烤箱时，放几片罗勒叶作点缀。

玛格丽特白比萨

白色的玛格丽特比萨……无番茄版本！

在西罗的店里，围绕着玛格丽特比萨的变化衍生可以说是无穷无尽：由季节和食客们的口味决定，总是可以在玛格丽特比萨上添加一些配料……

然而对于玛格丽特白比萨，西罗却做了一个漂亮的减法——去掉番茄！然后给我们提供了一款令人胃口大开的比萨，好吃，关键是还简单。这也是我最爱的比萨之一！

....

准备：15分钟

烤制：15分钟

4人食
280克比萨面团（参见P.18）
150克水牛奶马苏里拉奶酪（切成薄片）
20克帕尔马奶酪（新鲜磨碎）
几片罗勒叶
橄榄油

预热烤箱至250℃。

在薄撒一层面粉的工作台上，尽可能细致地摊开面团：首先用指尖按压，然后用两只手掌不断推开，使面饼从中心向四周逐渐变大。

用刷子在烤盘上刷一层薄油，然后将面饼置于烤盘上。

淋少许橄榄油在面饼上，放入烤箱烤10分钟。

在比萨上铺放马苏里拉奶酪片，撒上帕尔马奶酪碎，重新进烤箱烤5分钟——烤至面饼金黄松脆，马苏里拉奶酪熔化。

出烤箱时，放几片罗勒叶作点缀。

西罗·科西亚

玛格丽特比萨之王

香肠玛格丽特比萨

乡村香肠

西罗在比萨店结束营业之后，将烤盘放在炉门边上，借用灰烬的余温开始烤香肠，烤得外焦里嫩。

他的香肠都是从一家信任的肉食店里买来的——手工制作，使用最好部位的猪肉制成。烤好以后用刀切成片，喷香四溢，就像是加了香料一般。

这是一份古老的食谱……

- -

准备： 15分钟
烤制： 15分钟

4人食
280克比萨面团（参见P.18）
60~80克番茄酱
60克菲罗迪拉奶酪（切成薄片）
150克乡村香肠（用刀切片）
3片罗勒叶
橄榄油
盐

烤制香肠：根据你的口味，可以在一口平底锅中煎，或者放在烤架上烤，不要添加油脂，烤好之后切片。

将番茄酱盛入一只碗中，加入少许橄榄油和一小撮盐调味。

预热烤箱至250℃。

在薄撒一层面粉的工作台上，尽可能细致地摊开面团：首先用指尖按压，然后用两只手掌不断推开，使面饼从中心向四周逐渐变大。

用刷子在烤盘上刷一层薄油，然后将面饼置于烤盘上。

淋少许橄榄油在面饼上，以顺时针方向在面饼上摊开番茄酱，放入烤箱烤10分钟。

在比萨上均匀铺放菲罗迪拉奶酪和香肠片，重新进烤箱烤5分钟——烤至面饼金黄，香肠煎皱，菲罗迪拉奶酪熔化。

出烤箱时，放几片罗勒叶作点缀。

美味小贴士

可以用从手工熟食店里买来的香肠替代乡村香肠。在比萨烤制结束前5分钟，将生的香肠片放在比萨上，用热度将香肠煎至刚好不干。

魔鬼玛格丽特比萨

玛格丽特比萨的狂热版⋯⋯刺激！

....

准备： 15分钟
烤制： 15分钟

4人食

280克比萨面团（参见P.18）
80克番茄酱
80克菲罗迪拉奶酪（切成薄片）
60克萨拉米辣肠（切成薄长条）
2~3小撮红辣椒粉
2~3片罗勒叶
橄榄油
盐

将番茄酱盛入一只碗中，加入少许橄榄油和一小撮盐调味。

预热烤箱至250℃。

在薄撒一层面粉的工作台上，尽可能细致地摊开面团：首先用指尖按压，然后用两只手掌不断推开，使面饼从中心向四周逐渐变大。

用刷子在烤盘上刷一层薄油，然后将面饼置于烤盘上。

淋少许橄榄油在面饼上，以顺时针方向在面饼上摊开番茄酱，放入烤箱烤10分钟。

在比萨上均匀铺放菲罗迪拉奶酪和萨拉米辣肠条，重新进烤箱烤5分钟——烤至面饼金黄松脆，辣肠煎至微酥，菲罗迪拉奶酪熔化。

出烤箱时，撒上辣椒粉，再放几片罗勒叶作点缀。

从白色马苏里拉奶酪到红色番茄

从白色马苏里拉奶酪到红色番茄

白比萨

茄子与蘑菇比萨

茄子、蘑菇

....

准备： 25分钟
烤制： 30分钟

4人食
280克比萨面团（参见P.18）
1个结实、有光泽的茄子
60克双孢蘑菇
80克菲罗迪拉奶酪（切成薄片）
几片罗勒叶
橄榄油
盐

茄子洗净，不要去皮——茄子皮是有独特味道的！切大块。

向平底锅加入少许橄榄油，中火将茄子煎8~10分钟，翻面。将煎好的茄子放在吸油纸上吸干水分，加盐。

蘑菇洗净，吸干水分，切厚片。

向同一个平底锅中加一勺橄榄油，大火将蘑菇煎至轻微着色，放在吸油纸上吸干水分，加盐。

预热烤箱至250℃。

在薄撒一层面粉的工作台上，尽可能细致地摊开面团：首先用指尖按压，然后用两只手掌不断推开，使面饼从中心向四周逐渐变大。

用刷子在烤盘上刷一层薄油，然后将面饼置于烤盘上。

淋少许橄榄油在面饼上，放入烤箱烤10分钟。

在比萨上铺放菲罗迪拉奶酪、茄子和蘑菇，重新进烤箱烤5分钟——烤至面饼金黄松脆，茄子和蘑菇煎软，菲罗迪拉奶酪熔化。

出烤箱时，放几片罗勒叶作点缀。

西罗·科西亚

从白色马苏里拉奶酪到红色番茄

白比萨

沙拉比萨

白比萨……就像一盘沙拉般清淡！

这款比萨是西罗为米莫（Mimmo）——他的保险业务员做的，当米莫想吃一顿清淡的午餐时，西罗就会端上这一款……

准备： 15分钟
烤制： 15分钟

4人食
280克比萨面团（参见P.18）
1串漂亮的小番茄
100克水牛奶马苏里拉奶酪（细丝）
1把新鲜的芝麻菜
1小撮牛至
橄榄油
盐，现磨黑胡椒粉

将小番茄一切为四，加入少许橄榄油、一小撮牛至和一小撮盐调味。

芝麻菜洗净去梗，沥干水分备用。

预热烤箱至250℃。

在薄撒一层面粉的工作台上，尽可能细致地摊开面团：首先用指尖按压，然后用两只手掌不断推开，使面饼从中心向四周逐渐变大。

用刷子在烤盘上刷一层薄油，然后将面饼置于烤盘上。

淋少许橄榄油在面饼上，放入烤箱烤15分钟——不加配菜的白比萨烤至金黄松脆。

出烤箱时，将小番茄和马苏里拉奶酪丝铺撒在比萨上，撒上黑胡椒粉，摆上大量芝麻菜，最后淋上几滴橄榄油。

西罗·科西亚

从白色马苏里拉奶酪到红色番茄

美味小贴士

"Panna"是一种浓稠的奶油，可以用A.O.C.伊斯尼浓奶油代替。后者更加浓稠，不会被比萨面饼吸收。

白比萨

火腿奶油玉米比萨

火腿、奶油、玉米

这款比萨是西罗为街道里一个10岁小男孩儿达里奥（Dario）定制的。达里奥的父母有时候不回家吃午餐，相比一个人待在家里看电视边吃午餐，达里奥更喜欢来幸运比萨店，这里也有电视机，而且午餐的滋味大不一样！

准备： 15分钟

烤制： 15分钟

4人食

280克比萨面团（参见P.18）

3~4勺奶油

40克菲罗迪拉奶酪（切成薄片）

1~2片非常薄的火腿（用布裹着煮熟）

2~3勺玉米粒（用水煮熟）

2片罗勒叶

橄榄油

预热烤箱至250℃。

在薄撒一层面粉的工作台上，尽可能细致地摊开面团：首先用指尖按压，然后用两只手掌不断推开，使面饼从中心向四周逐渐变大。

用刷子在烤盘上刷一层薄油，然后将面饼置于烤盘上。

淋少许橄榄油在面饼上，放入烤箱烤10分钟。

将奶油以画圈的方式涂在面饼上，然后铺放菲罗迪拉奶酪、火腿和玉米，重新进烤箱烤5分钟——烤至菲罗迪拉奶酪熔化，火腿煎皱，玉米粒微脆。

出烤箱时，放几片罗勒叶作点缀。

从白色马苏里拉奶酪到红色番茄

白比萨

火腿与马苏里拉奶酪比萨

火腿、马苏里拉奶酪

十五年后，达里奥长大了……却保持着小时候的习惯！

准备：15分钟

烤制：15分钟

4人食

280克比萨面团（参见P.18）

80~100克水牛奶马苏里拉奶酪（切成薄片）

2~3片非常薄的火腿（用布裹着煮熟）

2~3片罗勒叶

橄榄油

预热烤箱至250℃。

在薄撒一层面粉的工作台上，尽可能细致地摊开面团：首先用指尖按压，然后用两只手掌不断推开，使面饼从中心向四周逐渐变大。

用刷子在烤盘上刷一层薄油，然后将面饼置于烤盘上。

淋少许橄榄油在面饼上，放入烤箱烤10分钟。

在比萨上铺放马苏里拉奶酪和火腿，重新进烤箱烤5分钟——烤至面饼金黄松脆，火腿煎皱，马苏里拉奶酪熔化。

出烤箱时，放几片罗勒叶作点缀。

香肠与西洋菜薹比萨

香肠、西洋菜薹

香肠中的香料味和它的油腻质地,适宜地衬托出西洋菜薹的甘苦味道。

香肠和西洋菜薹是那不勒斯非常大众化的菜。那不勒斯人把一切他们喜欢的东西都放在比萨面饼上。这一款比萨能跻身最传统的比萨之一也就不足为奇了。

准备:15分钟

烤制:25分钟

4人食

280克比萨面团(参见P.18)

150克焖猪肉香肠切片(参见P.176"香肠玛格丽特比萨"食谱做法)

300克西洋菜薹(绿叶中露出柔嫩的小花芽,有光泽的深绿色非常漂亮)

1瓣蒜

1个小辣椒(切碎)

60克普罗沃拉奶酪丝

20克帕尔马奶酪(新鲜磨碎)

橄榄油

盐

西洋菜薹洗净去梗,沥干水分备用。

向平底锅加入少许橄榄油,放入辣椒碎和用手掌压碎的蒜瓣,大火煎西洋菜薹5~6分钟,待西洋菜薹煎至微脆——保留菜芽的弹牙口感,取出大蒜,加盐调味。

预热烤箱至250℃。

在薄撒一层面粉的工作台上,尽可能细致地摊开面团:首先用指尖按压,然后用两只手掌不断推开,使面饼从中心向四周逐渐变大。

用刷子在烤盘上刷一层薄油,然后将面饼置于烤盘上。

淋少许橄榄油在面饼上,铺放猪肉香肠薄片和西洋菜薹,放入烤箱烤10分钟。

在比萨上均匀撒一层普罗沃拉奶酪丝,重新进烤箱烤5分钟——比萨烤至金黄松脆。

出烤箱时,撒上帕尔马奶酪碎点缀比萨。

普罗沃拉奶酪与西洋菜薹比萨

普罗沃拉奶酪、西洋菜薹

老式比萨的美味变身：香肠让位于"更多的"普罗沃拉奶酪！

口感舒适：普罗沃拉奶酪的木香口感——丝滑奶油、入口即溶，包裹着一抹西洋菜薹西的甘苦味道……

....

准备： 15分钟
烤制： 20分钟

4人食

280克比萨面团（参见P.18）

100~120克普罗沃拉奶酪（细丝）

300克西洋菜薹（绿叶中露出柔嫩的小花芽，有光泽的深绿色非常漂亮）

1瓣蒜

1个小辣椒（磨碎）

20克帕尔马奶酪（新鲜磨碎）

橄榄油

盐

西洋菜薹洗净去梗，沥干水分备用。

向平底锅加入少许橄榄油，放入辣椒碎和用手掌压碎的蒜瓣，大火煎西洋菜薹5~6分钟，待西洋菜薹煎至微脆——保留菜芽的弹牙口感，取出大蒜，加盐调味。

预热烤箱至250℃。

在薄撒一层面粉的工作台上，尽可能细致地摊开面团：首先用指尖按压，然后用两只手掌不断推开，使面饼从中心向四周逐渐变大。

用刷子在烤盘上刷一层薄油，然后将面饼置于烤盘上。

淋少许橄榄油在面饼上，铺放西洋菜薹，放入烤箱烤10分钟。

在比萨上均匀撒一层普罗沃拉奶酪丝，重新进烤箱烤5分钟——比萨烤至金黄松脆。

出烤箱时，撒上帕尔马奶酪碎点缀比萨。

西罗·科西亚

从白色马苏里拉奶酪到红色番茄

白比萨

金枪鱼与洋葱比萨

金枪鱼、小洋葱头

准备：20分钟
烤制：15分钟

4人食
280克比萨面团（参见P.18）
80克水牛奶马苏里拉奶酪（切成薄片）
80克金枪鱼（在橄榄油中浸泡保存，罐头装）
1~2个小洋葱头
1~2片罗勒叶
橄榄油

金枪鱼沥干水分，粗略捣碎。

洋葱头切成圆形薄片。

预热烤箱至250℃。

在薄撒一层面粉的工作台上，尽可能细致地摊开面团：首先用指尖按压，然后用两只手掌不断推开，使面饼从中心向四周逐渐变大。

用刷子在烤盘上刷一层薄油，然后将面饼置于烤盘上。

淋少许橄榄油在面饼上，放入烤箱烤10分钟。

在比萨上铺放马苏里拉奶酪、金枪鱼和洋葱，重新进烤箱烤5分钟——烤至面饼金黄松脆，马苏里拉奶酪熔化，金枪鱼和洋葱烤熟但还带着汁水。

出烤箱时，放几片罗勒叶作点缀。

美味小贴士

这款比萨还有一个红色——"rossa"版本，用番茄打底（见P.212的"金枪鱼与洋葱比萨"）！

白比萨

双葱与芝麻菜比萨

双葱版本：小洋葱头&红洋葱、芝麻菜

准备： 15分钟

烤制： 20分钟

4人食

280克比萨面团（参见P.18）

100~120克普罗沃拉奶酪（切成薄片）

1个小洋葱头

1个小红洋葱

1把新鲜的芝麻菜

橄榄油

盐

芝麻菜洗净去梗，沥干水分备用。

洋葱切成圆形薄片。

预热烤箱至250℃。

在薄撒一层面粉的工作台上，尽可能细致地摊开面团：首先用指尖按压，然后用两只手掌不断推开，使面饼从中心向四周逐渐变大。

用刷子在烤盘上刷一层薄油，然后将面饼置于烤盘上。

淋少许橄榄油在面饼上，放入烤箱烤10分钟。

在比萨上铺放普罗沃拉奶酪和洋葱，重新进烤箱烤5分钟——烤至面饼金黄松脆，普罗沃拉奶酪呈奶油状；洋葱煎皱、熔化，并有轻微的焦糖色。

出烤箱时，摆上大量芝麻菜，再淋上几滴橄榄油。

阿尔芭比萨

里科塔奶酪&茄子

为了准备写这本书，我和劳伦斯（Laurence）一起，在西罗的店里度过了几天，和他的团队朝夕相处，置身于他的顾客之中。在几天的采访、提问、拍照和品尝比萨……快要结束的时候，我们开始彼此了解……西罗为我想出了这款比萨：我喜欢晒饱了太阳的蔬菜、煎烤（烤得很熟的面饼，经过煎烤的小番茄）和熔化的感觉（对于油浸茄子和水牛奶里科塔奶酪，我会用小勺子一勺一勺舀着吃……）。

"这是一份精致的礼物，一道为您而做的比萨，只是为您！"多谢西罗！

准备：25分钟
烤制：25分钟

4人食
280克比萨面团（参见P.18）
1个结实、有光泽的茄子
1串小番茄
100~120克水牛奶里科塔奶酪
20克帕尔马奶酪（新鲜磨碎）
几片罗勒叶
橄榄油
盐

茄子洗净，不要去皮，切大块。

向平底锅加入少许橄榄油，中火将茄子煎8~10分钟，煎至微微金黄。将煎好的茄子放在吸油纸上吸干水分，加盐。

将小番茄一切为四，加入少许橄榄油和一小撮盐调味。

预热烤箱至250℃。

在薄撒一层面粉的工作台上，尽可能细致地摊开面团：首先用指尖按压，然后用两只手掌不断推开，使面饼从中心向四周逐渐变大。

用刷子在烤盘上刷一层薄油，然后将面饼置于烤盘上。

淋少许橄榄油在面饼上，放入烤箱烤5分钟。

在比萨上撒抹里科塔奶酪，铺放小番茄和茄子块，重新进烤箱烤10分钟——烤至面饼金黄松脆，小番茄几乎烤干，茄子和里科塔奶酪烤软熔化。

出烤箱时，撒上帕尔马奶酪碎和罗勒叶点缀比萨。

西罗·科西亚

从白色马苏里拉奶酪到红色番茄

轶事

这款比萨是格兰特（Grant）为希瑟（Heather）点的。格兰特认为它是一款"加大版"玛格丽特比萨！他俩从南非来。格兰特第一次在这里吃比萨是20年前了。然而幸运比萨店里玛格丽特比萨的滋味至今仍然完好封存在他的舌尖。二十年后的一天，当他和太太重新路过那不勒斯，他期望着这家比萨店还在——他想再一次重温这款记忆中的比萨，并将这份快乐分享给希瑟。他们心满意足地离开时，留下了被这份来自食客的忠诚所感动的西罗，久久不能平静。

影子比萨

茄子比萨

茄子

"影子"（all'ombra），表示少量番茄，点到为止。在这款比萨上是显而易见的——番茄没有逾越分寸，只在比萨上闪过一个内敛的影子，留下一抹不喧宾夺主的红色，但它着实提亮且增添了油浸茄子的柔软口感。

比萨师其实是一个把玩微妙差异的职业……

准备： 20分钟
烤制： 25分钟

4人食
280克比萨面团（参见P.18）
1个结实、有光泽的茄子
30克番茄酱
80克马苏里拉奶酪（切成薄片）
1~2片罗勒叶
橄榄油
盐

茄子洗净，不要去皮，切块。

向平底锅加入少许橄榄油，中火将茄子煎8~10分钟，煎至微微金黄。将煎好的茄子放在吸油纸上吸干水分，加盐。

将番茄酱盛入一只碗中，加入少许橄榄油和一小撮盐调味。

预热烤箱至250℃。

在薄撒一层面粉的工作台上，尽可能细致地摊开面团：首先用指尖按压，然后用两只手掌不断推开，使面饼从中心向四周逐渐变大。

用刷子在烤盘上刷一层薄油，然后将面饼置于烤盘上。

淋少许橄榄油在面饼上，以顺时针方向在面饼上摊开番茄酱，放入烤箱烤10分钟。

在比萨上均匀铺放茄子块和马苏里拉奶酪，重新进烤箱烤5分钟——烤至面饼金黄松脆，茄子和马苏里拉奶酪熔化。

出烤箱时，放几片罗勒叶作点缀。

茄子千层面比萨

茄子千层面

这是萨瓦多里（Salvatore）点的比萨，他在铁路系统工作。他可是幸运比萨店超过十年的老主顾。每当因工作需要进城，又赶上午餐的时间，萨瓦多里就会来西罗店里。今天他看起来饥肠辘辘！你在家做这款比萨的时候，可以准备一碗新鲜漂亮的沙拉佐餐，那才真正是一顿面面俱到的好饭！

准备： 15分钟
烤制： 15分钟

4人食
280克比萨面团（参见P.18）
150克茄子千层面（参见右侧的食谱）
30克番茄酱
80克马苏里拉奶酪（切成薄片）
1~2片罗勒叶
橄榄油
盐

将番茄酱盛入一只碗中，加入少许橄榄油和一小撮盐调味。

预热烤箱至250℃。

在薄撒一层面粉的工作台上，尽可能细致地摊开面团：首先用指尖按压，然后用两只手掌不断推开，使面饼从中心向四周逐渐变大。

用刷子在烤盘上刷一层薄油，然后将面饼置于烤盘上。

淋少许橄榄油在面饼上，以顺时针方向在面饼上摊开番茄酱，放入烤箱烤10分钟。

在比萨上均匀铺放茄子千层面和马苏里拉奶酪，重新进烤箱烤5分钟——烤至面饼金黄松脆，茄子焦黄，马苏里拉奶酪熔化。

出烤箱时，放几片罗勒叶作点缀。

千层面独家食谱！

2~3个结实、有光泽的茄子
200克番茄酱（罐头装）
1瓣蒜（捣烂）
300克菲罗迪拉奶酪（切成薄片）
300克里科塔奶酪
2个水煮鸡蛋（一切为四）
1片罗勒叶
3~4勺帕尔马奶酪（新鲜磨碎）
橄榄油，盐

茄子洗净，不要去皮，沿纵向切成薄片。平底锅中加入少许橄榄油，将茄子片放入平底锅，大火煎8~10分钟，中间翻面——茄子煎至金黄、软嫩。然后放在吸油纸上吸干多余水分，加盐调味。

准备番茄酱汁：小汤锅加入少许橄榄油，放入大蒜煎几秒，加入番茄酱，盖上锅盖小火炖10分钟，关火后加入罗勒和盐调味。

在烤盘中按顺序叠放：茄子片、番茄酱汁、菲罗迪拉奶酪、里科塔奶酪、水煮蛋、帕尔马奶酪碎，反复叠放直至配料用尽，至少要这样做两层。

放入烤箱200℃烤15分钟，千层面烤至漂亮的焦黄色即可！

西罗·科西西亚

从白色马苏里拉奶酪到红色番茄

轶事

卡尔米内（Carmine）和太太一起到西罗店里："我很饿，两天没吃饭了，我在减肥，但是今天暂停：我要一张巨大的比萨，'手推车车轮'*！"

于是西罗就开始做了：一张巨大的，远远超出盘子边缘，一直垂到桌面上的比萨。又做了一张比萨给他太太。卡尔米内大快朵颐，一扫而光之后却感觉没有完全吃饱……他瞅了一眼太太，"她会允许我再来一张吗？"然后又点了"双拼比萨"！太太冲着卡尔米内笑了笑，然后从他盘子里拿了一块比萨。一转眼，卡尔米内第二张比萨进肚……减肥，是明天的事儿！

影子比萨

双拼比萨

这款"双人"比萨适合在不太饿的时候跟朋友或者伴侣一起分享，喜欢的话多点几份也行！根据食客们的喜好，西罗总是笑盈盈地奉上这款"一张比萨两人吃"……

准备： 15分钟
烤制： 15分钟

4人食

280克比萨面团（参见P.18）
20克番茄酱
40克马苏里拉奶酪
60克普罗沃拉奶酪
10克帕尔马奶酪（新鲜磨碎）
10克羊乳奶酪（一种精炼羊奶酪，新鲜磨碎）
1小撮牛至
几片罗勒叶
橄榄油
盐

马苏里拉奶酪和普罗沃拉奶酪切薄片后分开摆放，不要将两种奶酪混合。

将番茄酱盛入一只碗中，加入少许橄榄油、一小撮牛至和一小撮盐调味。

预热烤箱至250℃。

在薄撒一层面粉的工作台上，尽可能细致地摊开面团：首先用指尖按压，然后用两只手掌不断推开，使面饼从中心向四周逐渐变大。

用刷子在烤盘上刷一层薄油，然后将面饼置于烤盘上。

淋少许橄榄油在面饼上，沿面饼中央捏出一条凸起的线，将面饼一分为二。

在面饼的两个半边涂抹上番茄酱，放入烤箱烤10分钟。

分别用马苏里拉奶酪和普罗沃拉奶酪覆盖面饼的两边，重新进烤箱烤5分钟——烤至面饼金黄松脆，奶酪熔化。

出烤箱时，撒上马苏里拉奶酪碎、普罗沃拉奶酪碎和帕尔马奶酪碎，再放几片罗勒叶作点缀。

*"Una pizza a ruota di carretto."：像手推车车轮一样大的比萨……这是一种非常古老的说法（那不勒斯的石板路上早就看不到手推车了）。但是这种说法流传至今，用来形容那不勒斯人对美食的"贪得无厌"最恰当不过……

劳伦斯比萨

里科塔奶酪&芝麻菜

这是一款西罗为劳伦斯（Laurence）设计的比萨：劳伦斯是这本书的摄影师，她喜欢辛辣口感和蔬菜（黑胡椒和芝麻菜）。

西罗还加入了里科塔奶酪，赋予了这款比萨丝滑的奶油口感，入口即溶，且内敛细腻……我们都需要被温柔对待！

准备： 15分钟

烤制： 15分钟

4人食

280克比萨面团（参见P.18）
30克番茄酱
30克水牛奶马苏里拉奶酪（切成薄片）
80克水牛奶里科塔奶酪
1把新鲜的芝麻菜
一些帕尔马奶酪（随意削成薄条）
2~3片罗勒叶
黑胡椒粉
橄榄油
盐

芝麻菜洗净去梗，沥干水分备用。

将番茄酱盛入一只碗中，加入少许橄榄油和一小撮盐调味。

预热烤箱至250℃。

在薄撒一层面粉的工作台上，尽可能细致地摊开面团：首先用指尖按压，然后用两只手掌不断推开，使面饼从中心向四周逐渐变大。

用刷子在烤盘上刷一层薄油，然后将面饼置于烤盘上。

淋少许橄榄油在面饼上，以顺时针方向在面饼上摊开番茄酱，放入烤箱烤10分钟。

在比萨上均匀铺放马苏里拉奶酪和里科塔奶酪，重新进烤箱烤5分钟——烤至面饼金黄松脆，奶酪黏腻、熔化。

出烤箱时，撒上大量黑胡椒粉和罗勒碎，铺放一层芝麻菜，淋上几滴橄榄油，最后撒上帕尔马奶酪点缀比萨。

西罗·科西亚

从白色马苏里拉奶酪到红色番茄

玛利亚娜比萨

牛至&罗勒

西罗店里另一款和玛格丽特比萨一样受欢迎的比萨……

准备： 15分钟
烤制： 15分钟

4人食
280克比萨面团（参见P.18）
100~200克番茄酱
1~2小撮牛至
2~3片罗勒叶
橄榄油
盐之花

将番茄酱盛入一只碗中，加入少许橄榄油和一小撮盐之花调味。

预热烤箱至250℃。

在薄撒一层面粉的工作台上，尽可能细致地摊开面团：首先用指尖按压，然后用两只手掌不断推开，使面饼从中心向四周逐渐变大。

用刷子在烤盘上刷一层薄油，然后将面饼置于烤盘上。

淋少许橄榄油在面饼上，以顺时针方向在面饼上摊开番茄酱，撒上牛至，放入烤箱烤15分钟——烤至面饼金黄，番茄酱熔化。

出烤箱时，放几片罗勒叶作点缀。

美味小贴士

少放一些番茄酱，加上几个口蘑。口蘑煎好之后放在比萨上，放入烤箱烤10分钟——这就是蘑菇玛利亚娜比萨！

西罗·科西亚

从白色马苏里拉奶酪到红色番茄

红比萨

卡布里秋萨比萨

萨拉米、朝鲜蓟心、橄榄

准备： 15分钟

烤制： 15分钟

4人食

280克比萨面团（参见P.18）

80克番茄酱

60克水牛奶马苏里拉奶酪

60克萨拉米

2~3个朝鲜蓟心（在橄榄油中浸泡保存，罐头装）

8~10颗柔软的黑橄榄

20克帕尔马奶酪（新鲜磨碎）

2~3片罗勒叶

橄榄油

盐

将番茄酱盛入一只碗中，加入少许橄榄油和一小撮盐调味。

马苏里拉奶酪切薄片。萨拉米切薄片，再把薄片切成条。朝鲜蓟心一切为四。橄榄去核。

预热烤箱至250℃。

在薄撒一层面粉的工作台上，尽可能细致地摊开面团：首先用指尖按压，然后用两只手掌不断推开，使面饼从中心向四周逐渐变大。

用刷子在烤盘上刷一层薄油，然后将面饼置于烤盘上。

淋少许橄榄油在面饼上，以顺时针方向在面饼上摊开番茄酱，放入烤箱烤10分钟。

将所有配菜都铺放在比萨上：马苏里拉奶酪、萨拉米、朝鲜蓟心和橄榄，重新进烤箱烤5分钟——烤至面饼金黄松脆，奶酪熔化。

出烤箱时，撒上罗勒碎和帕尔马奶酪碎点缀比萨。

美味小贴士

在比萨上加一把新鲜的芝麻菜，卡布里秋萨（Capricciosa），一款丰盛美味的比萨，别具草本风味！

从白色马苏里拉奶酪到红色番茄

金枪鱼与洋葱比萨

金枪鱼、小洋葱头

准备： 15分钟
烤制： 15分钟

4人食
280克比萨面团（参见P.18）
80克番茄酱
80克金枪鱼（在橄榄油中浸泡保存，罐头装）
60克马苏里拉奶酪（切成薄片）
1个小洋葱头
1~2片罗勒叶
橄榄油
盐

将番茄酱盛入一只碗中，加入少许橄榄油和一小撮盐调味。

金枪鱼沥干水分，粗略捣碎。

洋葱头切成圆形薄片。

预热烤箱至250℃。

在薄撒一层面粉的工作台上，尽可能细致地摊开面团：首先用指尖按压，然后用两只手掌不断推开，使面饼从中心向四周逐渐变大。

用刷子在烤盘上刷一层薄油，然后将面饼置于烤盘上。

淋少许橄榄油在面饼上，以顺时针方向在面饼上摊开番茄酱，放入烤箱烤10分钟。

在比萨上铺放马苏里拉奶酪、金枪鱼和洋葱，重新进烤箱烤5分钟——烤至面饼金黄松脆，马苏里拉奶酪熔化，金枪鱼和洋葱烤熟但还带着汁水。

出烤箱时，放几片罗勒叶作点缀。

美味小贴士

这款比萨还有一个白色——"bianca"版本，即没有番茄的版本（见P.194的"金枪鱼与洋葱比萨"）!

『费事儿』比萨

西罗·科西亚

『费事儿』比萨

番茄条与菲罗迪拉奶酪比萨

有一天，农西奥（Nunzio）带来一串熟透了的火红小番茄……

切为四瓣的小番茄，在那不勒斯我们叫"番茄条"（filetto di pomodoro）。

准备： 15分钟
烤制： 15分钟

4人食
280克比萨面团（参见P.18）
1串小番茄
100~120克菲罗迪拉奶酪（切成薄片）
2~3片罗勒叶
橄榄油
盐

小番茄一切四瓣，加入少许橄榄油和一小撮盐调味。

预热烤箱至250℃。

在薄撒一层面粉的工作台上，尽可能细致地摊开面团：首先用指尖按压，然后用两只手掌不断推开，使面饼从中心向四周逐渐变大。

用刷子在烤盘上刷一层薄油，然后将面饼置于烤盘上。

淋少许橄榄油在面饼上，放入烤箱烤10分钟。

在比萨上均匀铺放小番茄和马菲罗迪拉奶酪，重新进烤箱烤5分钟——烤至面饼金黄松脆，小番茄在烤箱的热气中煎至微皱，菲罗迪拉奶酪熔化。

出烤箱时，放几片罗勒叶作点缀。

A.O.C.安德里亚橄榄油比萨

加埃塔诺（Gaetano）和他的A.O.C.安德里亚橄榄油

加埃塔诺·安布罗西奥（Gaetano Ambrosio）是西罗的橄榄油供应商，他的仓库位于火车站的同一街区。每当日程表允许的时候，他就会来幸运比萨店吃午餐。今天，加埃塔诺带来了一只小玻璃瓶，里面装着珍贵的食材——A.O.C.安德里亚橄榄油，浓稠且香气扑鼻，来自一种汇聚了当地精华的食材——科拉蒂娜（la coratina）。安德里亚（Andria）是一座"橄榄油之城"，在普利亚大区，距离巴里市（Bari）不太远。

安德里亚也是布拉塔奶酪和丝绸奶酪之城，拉丝的软奶酪……好吃到罪恶！

加埃塔诺盘子里的比萨非常有嗅觉表现力，浓香馥郁，满口都是优质橄榄油的芬芳。这种橄榄油的活泼加上马苏里拉奶酪的滑腻口感——除了好吃，没别的！

....

准备：15分钟

烤制：15分钟

4人食

280克比萨面团（参见P.18）
100~120克水牛奶马苏里拉奶酪（切成薄片）
20克帕尔马奶酪（新鲜磨碎）
1~2片罗勒叶
A.O.C.安德里亚橄榄油

预热烤箱至250℃。

在薄撒一层面粉的工作台上，尽可能细致地摊开面团：首先用指尖按压，然后用两只手掌不断推开，使面饼从中心向四周逐渐变大。

用刷子在烤盘上刷一层薄油，然后将面饼置于烤盘上。

淋少许A.O.C.安德里亚橄榄油在面饼上，放入烤箱烤10分钟。

在比萨上均匀铺放马苏里拉奶酪，重新进烤箱烤5分钟——烤至面饼金黄松脆，马苏里拉奶酪熔化。

出烤箱时，撒上罗勒叶，再淋上几滴A.O.C.安德里亚橄榄油，最后撒上帕尔马奶酪碎作点缀。

小番茄条与油炸小绿椒比萨

米莫（Mimmo）和他的油炸番茄蔬菜饭盒（炸小绿椒、小番茄）

这一天，西罗的一位老主顾米莫（Mimmo）带着饭盒来了。他的太太洛莎娜（Rosanna）非常爱他，也知道他习惯去最喜欢的比萨店里吃午餐，于是为他准备了油炸番茄蔬菜（小番茄和炸小绿椒，一种那不勒斯的传统菜）装在饭盒里。

洛莎娜知道我和劳伦斯也在西罗的店里，因为米莫跟她讲了关于这本书和我们来拍照片的事，于是她特意准备了双份，让我们也能一起尝尝这道美食……洛莎娜还让米莫带来了她做小辣椒的食谱：于是这食谱也就献给了你，这本书的读者！

准备： 15分钟
烤制： 15分钟

4人食

280克比萨面团（参见P.18）
150克小番茄和炸小绿椒（参见右侧的食谱）
80克水牛奶马苏里拉奶酪（切成薄片）
20克帕尔马奶酪（新鲜磨碎）
2~3片罗勒叶
橄榄油

　　预热烤箱至250℃。
　　在薄撒一层面粉的工作台上，尽可能细致地摊开面团：首先用指尖按压，然后用两只手掌不断推开，使面饼从中心向四周逐渐变大。
　　用刷子在烤盘上刷一层薄油，然后将面饼置于烤盘上。
　　淋少许橄榄油在面饼上，放入烤箱烤10分钟。
　　在比萨上均匀铺放一层马苏里拉奶酪，撒满罗勒碎，再撒上帕尔马奶酪碎，放上炸小绿椒，重新进烤箱烤5分钟——烤至面饼金黄松脆，小绿椒微皱，奶酪熔化。

洛莎娜的食谱：小番茄与炸小绿椒

6~8人食

500克青嫩的小绿椒
1串成熟且皮薄的小番茄
1瓣蒜
3~4片罗勒叶
橄榄油
盐

　　小绿椒洗净，不要去皮，完整保留。
　　在一个大平底锅（以免破坏小绿椒的外形）中加入足量的橄榄油（锅底铺满）和用手掌压碎的蒜瓣。待蒜瓣炸黄后取出，加入小绿椒，盖上锅盖，炸5分钟——炸至小绿椒细嫩多汁。
　　把一切为四的小番茄放入锅中，轻轻搅拌，再炸10分钟，加盐，关火后加入整片的罗勒叶。
　　小绿椒趁热、常温或凉吃都可以，可作开胃菜，或佐以鸡蛋、肉和鱼。我个人喜欢用它当面条卤……

茄子、番茄条与阿韦尔萨的马苏里拉奶酪比萨

科斯坦提诺（Costantino）和他的阿韦尔萨马苏里拉奶酪

阿韦尔萨马苏里拉奶酪，多年来以其美味和香气著称。

罗伯特·萨维诺（Roberto Saviano）还需要介绍吗？记者，《戈莫拉》（*Gomorra*）和《地狱之美》（*La Beauté et l'Enter*）的作者，上了那不勒斯黑手党戈莫拉（Comorra）的死亡名单。有一天他列了一张非常个人化的单子，叫"不负此生的十大理由"，而阿韦尔萨马苏里拉奶酪因其在口中留下的浓郁滋味，如水牛呼出的热气一般，而位居榜首……

马苏里拉奶酪为什么能成为不负此生的第一大理由：是因为它象征着纯洁无瑕的洁白吗？恐怕只有罗伯特·萨维诺知道答案……

大快朵颐之后，科斯坦提诺起身感谢西罗："我被治愈了。可是让我美美地吃了一顿，生活真美好，真是这么回事！"

....

准备： 20分钟
烤制： 20分钟

4人食

280克比萨面团（参见P.18）
1个结实、有光泽的茄子
1块上好的阿韦尔萨马苏里拉奶酪
20~30克番茄酱
4~5个樱桃番茄
20克帕尔马奶酪（新鲜磨碎）
3~4片罗勒叶
橄榄油
盐

马苏里拉奶酪切成薄片，小番茄切为四瓣。

茄子洗净，不要去皮——茄子皮是有味道的！切小块。向平底锅加入少许橄榄油，中火将茄子丁煎8~10分钟，快煎好的时候放入小番茄，加盐调味。

预热烤箱至250℃。

在薄撒一层面粉的工作台上，尽可能细致地摊开面团：首先用指尖按压，然后用两只手掌不断推开，使面饼从中心向四周逐渐变大。

用刷子在烤盘上刷一层薄油，然后将面饼置于烤盘上。

淋少许橄榄油在面饼上，以顺时针方向在面饼上摊开番茄酱，放入烤箱烤10分钟。

在比萨上均匀铺放油浸小番茄和茄子丁、马苏里拉奶酪，重新进烤箱烤5分钟——烤至面饼金黄松脆，茄子变软，马苏里拉奶酪熔化。

出烤箱时，放几片罗勒叶，撒上帕尔马奶酪碎作点缀。

鳀鱼比萨

米莫和他的一袋鳀鱼

米莫，还是那位西罗的保险业务员，常常在幸运比萨店吃午餐。

临近午餐的时候，为了大开食欲，米莫总会走遍比萨店旁边的洛拉纳门（Porta Nolana）市场，挑选他的自制比萨原材料，然后带到店里请西罗当配菜加在当天的比萨上。今天的鳀鱼非常新鲜，很快就吸引了他的目光，让他的食欲蠢蠢欲动。

于是他带着一袋活蹦乱跳的鳀鱼到了店里，西罗接过来做了一份海洋风味的影子比萨，口感层次分明：大蒜、牛至、鳀鱼、橄榄油。

....

准备：20分钟

烤制：15分钟

4人食
280克比萨面团（参见P.18）
20克番茄酱
10~12条非常新鲜的鳀鱼
1瓣新蒜或者去芽蒜
1小撮牛至
2~3片罗勒叶
橄榄油
盐

鳀鱼去刺，掏去内脏，马上浸入冷水中，再擦干。

将番茄酱盛入一只碗中，加入少许橄榄油和一小撮盐调味。

大蒜切成小薄片。

预热烤箱至250℃。

在薄撒一层面粉的工作台上，尽可能细致地摊开面团：首先用指尖按压，然后用两只手掌不断推开，使面饼从中心向四周逐渐变大。

用刷子在烤盘上刷一层薄油，然后将面饼置于烤盘上。

淋少许橄榄油在面饼上，以顺时针方向在面饼上摊开番茄酱，放入烤箱烤10分钟。

在比萨上铺放鳀鱼和大蒜片，撒上牛至，重新进烤箱烤5分钟——烤至面饼金黄，鳀鱼和大蒜煎皱但不要煎干。

出烤箱时，淋上几滴橄榄油，撒上罗勒碎作点缀。

西罗·科西亚

『费事儿』比萨

奇奇奶利小鱼苗比萨

莱洛（Lello）和他的奇奇奶利小鱼苗

在那不勒斯，人们把纯白色的沙丁鱼和鳀鱼小鱼苗叫做"奇奇奶利"（cicinielli，或者bianchetto）。

西罗处理这些奇奇奶利的时候不加盐来保持它们的鲜嫩，而橄榄油可以提亮碘化的精妙滋味。

莱洛（Lello）是西罗的邻居，在比萨店旁边经营着一家服装店，是个年轻帅气的小伙子，有文身，嘴很挑剔，喜欢吃奇奇奶利。

....

准备： 20分钟
烤制： 15分钟

4人食
280克比萨面团（参见P.18）
150克非常新鲜的奇奇奶利
1~2片罗勒叶
几根欧芹
橄榄油

奇奇奶利过冷水，用漏勺沥干水分。

预热烤箱至250℃。

在薄撒一层面粉的工作台上，尽可能细致地摊开面团：首先用指尖按压，然后用两只手掌不断推开，使面饼从中心向四周逐渐变大。

用刷子在烤盘上刷一层薄油，然后将面饼置于烤盘上。

淋少许橄榄油在面饼上，放入烤箱烤10分钟。

在比萨上均匀铺放一层奇奇奶利，重新进烤箱烤5分钟——烤至面饼金黄松脆，奇奇奶利煎至刚刚好。

出烤箱时，淋上几滴橄榄油，撒上罗勒叶和欧芹碎作点缀。

西罗·科西亚

『费事儿』比萨

香肠与马苏里拉奶酪白比萨

杰纳洛（Gennaro）、特伦托拉香肠和父亲的橄榄油

杰纳洛（Gennaro）带着一家人来了，他把装着配菜的包放在西罗的柜台上，说："我们大家都点一样的比萨！"然后一家人围坐一桌，吃香肠白比萨！这款比萨丰盛、美味、独特、喷香四溢：香料得宜，香肠用的猪肉是精选的肩部和火腿、熏肉……还有几味秘制香料。肉馅是用刀剁碎的——没有机器切得碎，但是这样的香肠更好吃！

特伦托拉（Trentola）是一座小城，位于距那不勒斯几千米远的乡下，因熟肉制作工艺而出名。每年9月，这里还举办一场香肠美食节。我家婶婶也是在特伦托拉采购香肠的……

....

准备：15分钟

烤制：15分钟

4人食

280克比萨面团（参见P.18）

60~80克马苏里拉奶酪（切成薄片）

150克纯猪肉香肠（肉馅是用刀剁碎的）

2~3片罗勒叶

橄榄油

香肠去掉肠衣，用指尖压碎。

预热烤箱至250℃。

在薄撒一层面粉的工作台上，尽可能细致地摊开面团：首先用指尖按压，然后用两只手掌不断推开，使面饼从中心向四周逐渐变大。

用刷子在烤盘上刷一层薄油，然后将面饼置于烤盘上。

淋少许橄榄油在面饼上，放入烤箱烤10分钟。

在比萨上均匀铺放马苏里拉奶酪和香肠肉，重新进烤箱烤5分钟——烤至面饼金黄松脆，香肠肉煎至香熟、软嫩，马苏里拉奶酪熔化。

出烤箱时，淋上几滴橄榄油，撒上罗勒碎作点缀。

西罗·科西亚

『费事儿』比萨

肉馅与马苏里拉比萨

亚历山德罗（Alessandro）和他的肉馅盒子

亚历山德罗（Alessandro）来到西罗店里，满心期待着一张"全料"比萨：全到无以复加，只需一杯白葡萄酒佐餐即可。因此，他是带着肉馅来的……

要不要在肉馅里放盐？西罗撒黑胡椒粉但是不放盐，他认为帕尔马奶酪就足够了。

....

准备： 15分钟
烤制： 15分钟

4人食
280克比萨面团（参见P.18）
60~80克马苏里拉奶酪（切成薄片）
150克优质瘦肉馅
20克帕尔马奶酪（新鲜磨碎）
2~3片罗勒叶
橄榄油
现磨黑胡椒粉

用指尖压碎肉馅。

预热烤箱至250℃。

在薄撒一层面粉的工作台上，尽可能细致地摊开面团：首先用指尖按压，然后用两只手掌不断推开，使面饼从中心向四周逐渐变大。

用刷子在烤盘上刷一层薄油，然后将面饼置于烤盘上。

淋少许橄榄油在面饼上，放入烤箱烤10分钟。

在比萨上均匀铺放马苏里拉奶酪和肉馅，重新进烤箱烤5分钟——烤至面饼金黄松脆，香肠肉煎至刚刚好（不要煎干），马苏里拉奶酪熔化。

出烤箱时，撒上黑胡椒粉和帕尔马奶酪碎，并以罗勒碎作点缀。

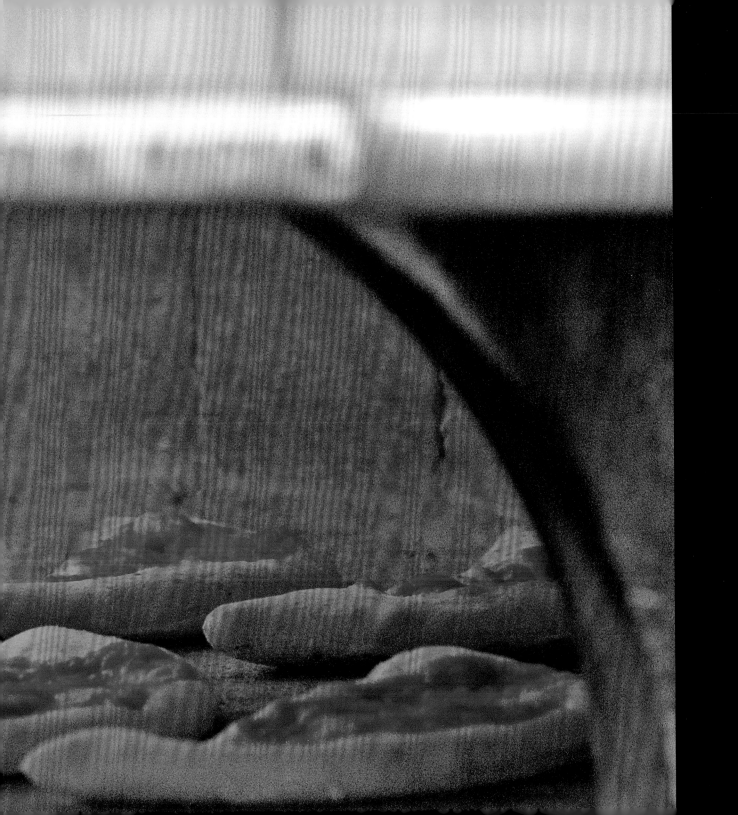

比萨饺和一口鲜

外卖比萨饺

可外带的卡尔佐内

比经典的填馅比萨饺略小，配菜精简一些。

在幸运比萨店的橱窗里，你还可以找到里科塔奶酪与火腿比萨饺、番茄菲罗迪拉奶酪罗勒比萨饺。

....

准备： 15分钟
烤制： 15分钟

1~2人食（分享1个比萨饺）
230克比萨面团（参见P.18）
80克菲罗迪拉奶酪
60克番茄酱
2~3片罗勒叶
橄榄油
盐，现磨黑胡椒粉

将番茄酱盛入一只碗中，加入少许橄榄油和一小撮盐调味。

菲罗迪拉奶酪切成薄片。

预热烤箱至250℃。

在薄撒一层面粉的工作台上，尽可能细致地摊开面团：首先用指尖按压，然后用两只手掌不断推开，使面饼从中心向四周逐渐变大。

用刷子在烤盘上刷一层薄油，然后将面饼置于烤盘上。

淋少许橄榄油在面饼上，将番茄酱涂满面饼的半边，并铺放菲罗迪拉奶酪（留下一些番茄酱和奶酪用来装饰比萨饺），撒上黑胡椒粉，最后在上面放一片罗勒叶。

将没有放配料的另一半折叠盖住有配料的半边，捏好边儿。然后用刷子在比萨饺表面刷上橄榄油，在面饼的上方切小口，使烤制过程中的水蒸气能够排出，放入烤箱烤10分钟。

将剩下的番茄酱和奶酪装点在比萨饺上，重新进烤箱烤5分钟——烤至比萨饺熟透，面皮金黄松脆。

出烤箱时，放几片罗勒叶作点缀。

西罗·科西亚

比萨饺和一口鲜

美味小贴士

你还记得罗莎吗？每回她不想做饭的时候，就骑着小摩托车，带着比萨模子和盖子，来西罗店里取玛格丽特比萨……她超爱西罗做的经典比萨饺，西罗总是为她做一份"特别定制款"：加双份的里科塔奶酪！可想而知，罗莎的比萨饺有多么软嫩爽口……要想食客们不对幸运比萨店忠实，谈何容易？

经典比萨饺

这是一款配菜丰盛、适合坐在餐桌前享用的比萨饺。

准备：20分钟
烤制：15分钟

1~2人食（分享1个比萨饺）
280克比萨面团（参见P.18）
60克水牛奶普罗沃拉奶酪
60克里科塔奶酪
2~3片非常薄的火腿（用布裹着煮熟）
60克优质纯干猪肉香肠
60克番茄酱
20克帕尔马奶酪（新鲜磨碎）
1~2片罗勒叶
橄榄油
盐，现磨黑胡椒粉

将番茄酱盛入一只碗中，加入少许橄榄油和一小撮盐调味。

普罗沃拉奶酪切成薄片然后再切小条。

预热烤箱至250℃。

在薄撒一层面粉的工作台上，尽可能细致地摊开面团：首先用指尖按压，然后用两只手掌不断推开，使面饼从中心向四周逐渐变大。

用刷子在烤盘上刷一层薄油，然后将面饼置于烤盘上。

淋少许橄榄油在面饼上，将番茄酱涂满面饼的半边，并铺放普罗沃拉奶酪和里科塔奶酪（留下一些番茄酱和普罗沃拉奶酪用来装饰比萨饺），放上火腿片和香肠，淋几滴橄榄油，铺撒帕尔马奶酪碎，最后撒上黑胡椒粉。

将没有放配料的另一半折叠盖住有配料的半边，捏好边儿。然后用刷子在比萨饺表面刷上橄榄油，在面饼的上方切小口，使烤制过程中的水蒸气能够排出，放入烤箱烤10分钟。

将剩下的番茄酱和普罗沃拉奶酪装点在比萨饺上，重新进烤箱烤5分钟——烤至比萨饺熟透，面皮金黄松脆。

出烤箱时，放几片罗勒叶作点缀。

番茄条与马苏里拉奶酪比萨饺

小番茄、马苏里拉奶酪

....

准备： 15分钟
烤制： 15分钟

1~2人食（分享1个比萨饺）
280克比萨面团（参见P.18）
100~120克马苏里拉奶酪
1串漂亮的小番茄
20克帕尔马奶酪（新鲜磨碎）
1~2片罗勒叶
橄榄油
盐和胡椒

将小番茄一切为四，加入少许橄榄油和一小撮盐调味。

马苏里拉奶酪切成薄片，沥干备用。

预热烤箱至250℃。

在薄撒一层面粉的工作台上，尽可能细致地摊开面团：首先用指尖按压，然后用两只手掌不断推开，使面饼从中心向四周逐渐变大。

用刷子在烤盘上刷一层薄油，然后将面饼置于烤盘上。

淋少许橄榄油在面饼上，在面饼的半边铺放轻沥水分的小番茄，铺撒马苏里拉奶酪（留下少许马苏里拉奶酪用来装饰比萨饺），并撒上帕尔马奶酪碎和胡椒。

将没有放配料的另一半折叠盖住有配料的半边，捏好边儿。然后用刷子在比萨饺表面刷上橄榄油，在面饼的上方切小口，使烤制过程中的水蒸气能够排出，放入烤箱烤10分钟。

将剩下的马苏里拉奶酪装点在比萨饺上，重新进烤箱烤5分钟——烤至比萨饺熟透，面皮金黄松脆。

出烤箱时，放几片罗勒叶作点缀。

美味小贴士

在比萨饺上加放些漂亮的帕尔马火腿薄片！

苦苣菜比萨饺

苦苣菜

我第一次去幸运比萨店，是听了拉戈斯塔（Ragosta）兄弟的建议——他们是西罗的马苏里拉奶酪、普罗沃拉奶酪和里科塔奶酪的供应商。

和西罗聊了聊，然后我开始观察店里的场景：比萨师、各种比萨、食客们上演的"戏剧"。午餐的时间到了……
"我给你做哪一种比萨呢？"
"就做你想让我品尝的那种吧，或者你觉得我会喜欢的那一种。"
于是苦苣菜比萨饺被端上了餐桌。他是怎么知道我超爱苦苣菜的？

我一扫而光。
"喜欢吗？"
我的盘子可不会说谎，空空如也，连一点儿面包屑也没剩下！

准备：30分钟
烤制：25分钟

1~2人食（分享1个比萨饺）

280克比萨面团（参见P.18）

1棵苦苣菜（菜心）

80克水牛奶普罗沃拉奶酪

4~5条鳀鱼（在橄榄油中浸泡保存，罐头装）

8~10颗黑橄榄

20克帕尔马奶酪（新鲜磨碎）

橄榄油

盐

苦苣菜择叶，洗净，沥干水分。

向平底锅加入少许橄榄油，大火将苦苣菜煎5~6分钟。加盐（鳀鱼和橄榄会带入它们特别的滋味），盖上锅盖煎炖5分钟（不要加水）——至苦苣菜变软嫩。

普罗沃拉奶酪切成薄片。鳀鱼沥干水分。橄榄去核。

预热烤箱至250℃。

在薄撒一层面粉的工作台上，尽可能细致地摊开面团：首先用指尖按压，然后用两只手掌不断推开，使面饼从中心向四周逐渐变大。

用刷子在烤盘上刷一层薄油，然后将面饼置于烤盘上。

淋少许橄榄油在面饼上，在面饼的半边铺放苦苣菜，铺盖一层普罗沃拉奶酪（留下少许普罗沃拉奶酪用来装饰比萨饺）、鳀鱼和橄榄，并撒上帕尔马奶酪碎。

将没有放配料的另一半折叠盖住有配料的半边，捏好边儿。然后用刷子在比萨饺表面刷上橄榄油，在面饼的上方切小口，使烤制过程中的水蒸气能够排出，放入烤箱烤10分钟。

将剩下的普罗沃拉奶酪装点在比萨饺上，重新进烤箱烤5分钟——烤至比萨饺熟透，面皮金黄松脆。

熟火腿一口鲜（菲罗迪拉奶酪与火腿肠）

熟火腿、菲罗迪拉奶酪、火腿肠

准备： 15分钟

烤制： 15分钟

1~2人食（分享1个一口鲜）

250克比萨面团（参见P.18）

80克菲罗迪拉奶酪（切成薄片）

2~3片非常薄的火腿（用布裹着煮熟）

1根火腿肠（切片）

橄榄油

预热烤箱至250℃。

在薄撒一层面粉的工作台上，无须太细致地摊开面团：首先用指尖按压，然后用两只手掌不断推开，使面饼从中心向四周逐渐变大，呈椭圆形。

用刷子在烤盘上刷一层薄油，然后将面饼置于烤盘上。不要切口，面饼需要充分地被烤炉中的热气吹起来。用刷子在整个面饼表面刷上橄榄油。放入烤箱烤10~12分钟——烤至面饼金黄，像一个椭圆形的气球，内里充气!

打开一口鲜，在其中半边加入配料：熟火腿、菲罗迪拉奶酪和火腿肠，淋上少许橄榄油（包括没加配料的另外半边），重新进烤箱烤2~3分钟——烤至所有配料都融为一体。

出烤箱时，像合上一个卡尔佐内那样将一口鲜合上。

帕尔马火腿与马苏里拉奶酪一口鲜

帕尔马火腿、马苏里拉奶酪

....

准备： 20分钟
烤制： 15分钟

1~2人食（分享1个一口鲜）
250克比萨面团（参见P.18）
80克水牛奶马苏里拉奶酪
1串漂亮的小番茄
2~3片超薄的帕尔马火腿
2~3片罗勒叶
1把新鲜的芝麻菜
几片帕尔马奶酪薄片
橄榄油
盐

马苏里拉奶酪切成薄片。

小番茄一切为四，加入几滴橄榄油和一小撮盐之花调味。

芝麻菜洗净去梗，沥干水分备用。

预热烤箱至250℃。

在薄撒一层面粉的工作台上，无须太细致地摊开面团：首先用指尖按压，然后用两只手掌不断推开，使面饼从中心向四周逐渐变大，呈椭圆形。

用刷子在烤盘上刷一层薄油，然后将面饼置于烤盘上。不要切口，面饼需要充分地被烤炉中的热气吹起来。用刷子在整个面饼表面刷上橄榄油。放入烤箱烤10~12分钟——烤至面饼金黄，像一个椭圆形的气球，内里充气！

打开一口鲜，在其中半边加入配料：马苏里拉奶酪、小番茄和罗勒叶，淋上少许橄榄油（包括没加配料的另外半边），重新进烤箱烤2~3分钟——烤至所有的配料都融为一体。

出烤箱时，放上帕尔马火腿、芝麻菜和帕尔马奶酪薄片，像合上一个卡尔佐内那样将一口鲜合上。

香肠与西洋菜薹一口鲜

香肠、西洋菜薹

....

准备：20分钟
烤制：25分钟

1~2人食（分享1个一口鲜）
250克比萨面团（参见P.18）
150克纯猪肉香肠（肉馅是用刀剁碎的）
300克西洋菜薹（绿叶中露出柔嫩的小花芽，有光泽的
　深绿色非常漂亮）
1瓣蒜
1个小辣椒（磨碎）
60克水牛奶普罗沃拉奶酪（切成薄片）
橄榄油
盐

西洋菜薹洗净去梗，沥干水分备用。

向平底锅加入少许橄榄油，放入辣椒碎和用手掌压碎的蒜瓣，大火煎西洋菜薹5~6分钟，待西洋菜薹煎至微脆——保留菜芽的弹牙口感，取出大蒜，加盐调味。

预热烤箱至250℃。

在薄撒一层面粉的工作台上，无须太细致地摊开面团：首先用指尖按压，然后用两只手掌不断推开，使面饼从中心向四周逐渐变大，呈椭圆形。

用刷子在烤盘上刷一层薄油，然后将面饼置于烤盘上。不要切口，面饼需要充分地被烤炉中的热气吹起来。用刷子在整个面饼表面刷上橄榄油。放入烤箱烤10~12分钟——烤至面饼金黄，像一个椭圆形的气球，内里充气！

打开一口鲜，在其中半边加入配料：西洋菜薹、香肠和普罗沃拉奶酪，淋上少许橄榄油（包括没加配料的另外半边），重新进烤箱烤2~3分钟——烤至所有的配料都融为一体。

出烤箱时，像合上一个卡尔佐内那样将一口鲜合上。

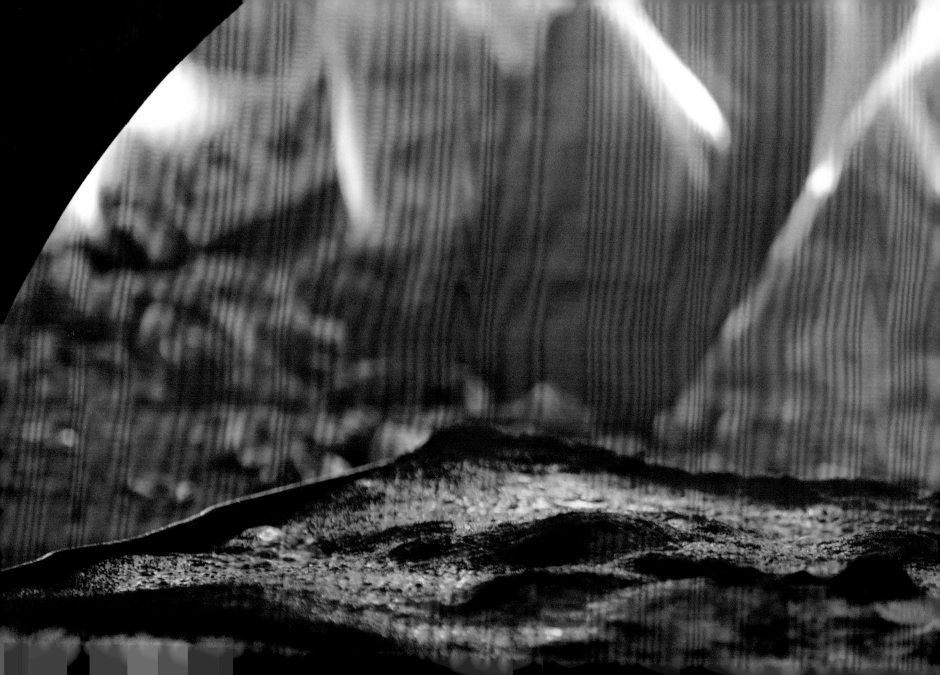

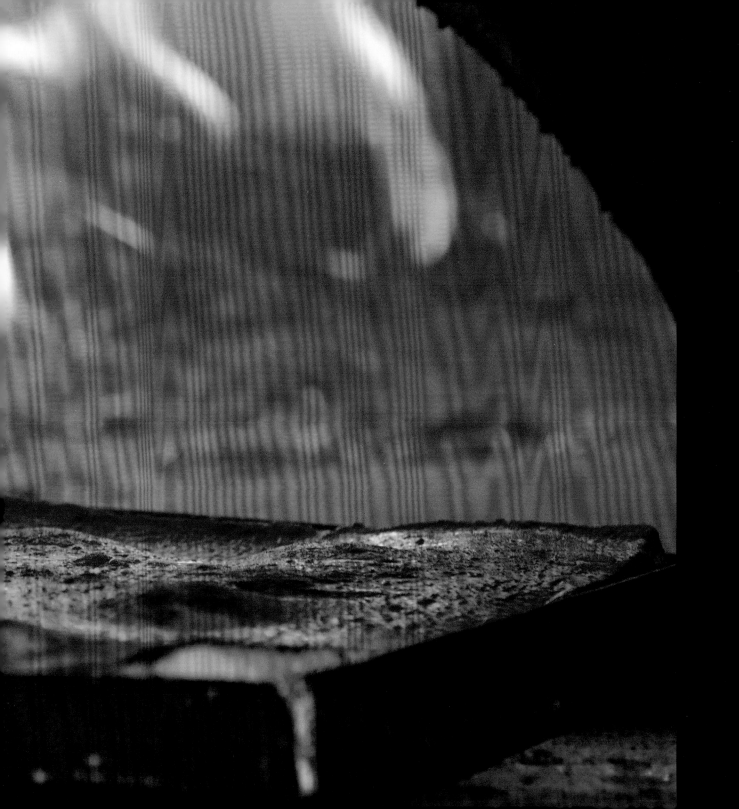

切片比萨

苦苣菜切片比萨

苦苣菜

准备： 20分钟

烤制： 50分钟

放置： 15分钟

8~10人食

750克比萨面团（参见P.18）

3棵新鲜的苦苣菜（菜心）

12~15条鳀鱼（在橄榄油中浸泡保存）

20~24颗黑橄榄

5~6勺帕尔马奶酪（新鲜磨碎）

橄榄油

盐

工具

2个30厘米×30厘米的长方形金属模具

苦苣菜择叶，洗净，沥干水分。

向平底锅加入少许橄榄油，大火将苦苣菜煎5~6分钟。加盐（鳀鱼和橄榄会带入它们特别的滋味），盖上锅盖煎炖5分钟（不要加水）——至苦苣菜变软嫩。

将金属模具内部刷一层橄榄油：底部和侧边都要刷到。

预热烤箱至230℃。

在薄撒一层面粉的工作台上，尽可能细致地将一半面团摊开成长方形：用沾了面粉的指尖轻轻推开（这样避免面团粘手）。

将长方形面团放到模具中，继续用手指在模具中推开，使面团覆盖、填充满模具的底部和侧边。用叉子在面团上扎几下，加入配料：首先铺上煎熟的苦苣菜、鳀鱼，然后是橄榄，最后大量铺撒帕尔马奶酪碎。

继续在薄撒一层面粉的工作台上，将剩下的一半面团摊开成模具大小的长方形，覆盖住模具的四周，用手指轻轻按压来粘好边儿。

用叉子在面团上扎几下，将面团上表层刷上橄榄油，然后用一把小刀将四周边缘处的面团和模具切分开（这样可以更容易地将烤好的比萨取出模具），放入烤箱烤15~20分钟，然后将比萨翻面——在工作台上把第二个模具扣上，将比萨翻面。

重新进烤箱烤15~20分钟——烤至比萨上、下两面均金黄松脆！

将比萨留在熄灭的烤箱中散热15分钟，然后就可以享用了！

里科塔奶酪与萨拉米切片比萨

这款比萨又名"巴黎女士"：里科塔奶酪、胡椒红肠

给比萨翻面的时候要当心：动作要轻，因为模具和比萨都特别烫，别让（被香味吸引过来的）孩子们靠近。垫几条抹布，将装有比萨的模具翻面，干脆利索地扣在另一个模具上，将比萨完整地扣进第二个模具中。要完成这一步不容易，但是需要这么做，不然，比萨的底部就烤不透了。

准备： 15分钟
烤制： 40分钟
放置： 15分钟

8~10人食
750克比萨面团（参见P.18）
80~100克番茄酱
500克里科塔奶酪
200克菲罗迪拉奶酪
150克纯猪肉胡椒味萨拉米
3~4勺帕尔马奶酪（新鲜磨碎）
橄榄油
盐和胡椒

工具
2个30厘米×30厘米的长方形金属模具

菲罗迪拉奶酪切成薄片，再切成小条。
萨拉米切成薄片，在切成小条。
将金属模具内部刷一层橄榄油：底部和侧边都要刷到。
预热烤箱至230℃。
在薄撒一层面粉的工作台上，尽可能细致地将一半面团摊开成长方形：用沾了面粉的指尖轻轻推开（这样避免面团粘手）。

将长方形面团放到模具中，继续用手指在模具中推开，使面团覆盖、填充满模具的底部和侧边。用叉子在面团上扎几下，加入配料：首先涂上番茄酱，然后铺放里科塔奶酪、菲罗迪拉奶酪和萨拉米，最后撒上帕尔马奶酪碎和胡椒。

继续在薄撒一层面粉的工作台上，将剩下的一半面团摊开成模具大小的长方形，覆盖住模具的四周，用手指轻轻按压来粘好边儿。

用叉子在面团上扎几下，将面团上表层刷上橄榄油，然后用一把小刀将四周边缘处的面团和模具切分开（这样可以更容易地将烤好的比萨取出模具），放入烤箱烤15~20分钟，然后将比萨翻面——在工作台上把第二个模具扣上，将比萨翻面。

重新进烤箱烤15~20分钟——烤至比萨上、下两面均金黄松脆！

将比萨留在熄灭的烤箱中散热15分钟，然后就可以享用了！

美味小贴士

这款比萨还有一个非常好吃的姊妹篇：

茄子版：将用小番茄、帕尔马奶酪碎和罗勒碎煎炒/油浸过的茄子，放在比萨上当配菜。

PIZZA PARIGINA

切片比萨

火腿、普罗沃拉奶酪与奶油切片比萨

火腿、奶油、普罗沃拉奶酪

准备： 15分钟
烤制： 40分钟
放置： 15分钟

8~10人食

750克比萨面团（参见P.18）
10~12片非常薄的火腿（用布裹着煮熟）
250克水牛奶普罗沃拉奶酪
20毫升全脂浓奶油
5~6片罗勒叶
3~4勺帕尔马奶酪（新鲜磨碎）
橄榄油
盐和胡椒

工具

2个30厘米×30厘米的长方形金属模具

普罗沃拉奶酪切成薄片，再切成小条。

将金属模具内部刷一层橄榄油：底部和侧边都要刷到。

预热烤箱至230℃。

在薄撒一层面粉的工作台上，尽可能细致地将一半面团摊开成长方形：用沾了面粉的指尖轻轻推开（这样避免面团粘手）。

将长方形面团放到模具中，继续用手指在模具中推开，使面团覆盖、填充满模具的底部和侧边。用叉子在面团上扎几下，加入配料：首先将奶油铺满底部，然后依次放火腿，撒上帕尔马奶酪碎、胡椒，铺放普罗沃拉奶酪片，最后撒上罗勒碎。

继续在薄撒一层面粉的工作台上，将剩下的一半面团摊开成模具大小的长方形，覆盖住模具的四周，用手指轻轻按压来粘好边儿。

用叉子在面团上扎几下，将面团上表层刷上橄榄油，然后用一把小刀将四周边缘处的面团和模具切分开（这样可以更容易地将烤好的比萨取出模具），放入烤箱烤15~20分钟，然后将比萨翻面——在工作台上把第二个模具扣上，将比萨翻面。

重新进烤箱烤15~20分钟——烤至比萨上、下两面均金黄松脆！

将比萨留在熄灭的烤箱中散热15分钟，然后就可以享用了！

美味小贴士

"Panna"是一种浓稠的奶油，可以用A.O.C.伊斯尼浓奶油代替。后者更加浓稠，不会被比萨面饼吸收。

PIZZA
PANNA-PROS
PROVOLA

阿尔芭的食谱

我为西罗创作的这些食谱灵感源于"费事儿"比萨。希望通过尝试一些他不习惯放在比萨上的东西做配料，来激发他的创造性……

西罗·科西亚

阿尔芭的食谱

大蒜橄榄油欧芹比萨

大蒜、橄榄油、欧芹

那不勒斯有一道非常简单且广为人知的菜——大蒜橄榄油煎意大利面。这款比萨是它的衍生版本。作为一个标准的那不勒斯人，我的橱柜里总能找到橄榄油、大蒜和欧芹。

西罗希望在这款貌似布鲁切塔，看起来让人非常有食欲的比萨上加入一抹番茄和鳀鱼的亮色。让人垂涎欲滴的香味很快就飘满整条街：顾客、商贩和路人们跃跃欲试，纷纷表示想尝尝。我们无奈又做了一份！这是一款完美的开胃比萨！勾起宾客们蠢蠢欲动的食欲……

....

准备： 20分钟

烤制： 15分钟

4人食

280克比萨面团（参见P.18）

几片欧芹叶

10~12个樱桃番茄

1瓣漂亮的新蒜（紫色的）

3~4条鳀鱼（在橄榄油中浸泡保存）

特级橄榄油

盐之花

大蒜剥皮切末，欧芹和小番茄洗净，欧芹捣碎。

将小番茄一切为四，加入大蒜末、盐之花和少许橄榄油调味。

预热烤箱至250℃。

在薄撒一层面粉的工作台上，尽可能细致地摊开面团：首先用指尖按压，然后用两只手掌不断推开，使面饼从中心向四周逐渐变大。

用刷子在烤盘上刷一层薄油，然后将面饼置于烤盘上。

淋少许橄榄油在面饼上，放入烤箱烤10分钟。

在比萨上铺放番茄，重新进烤箱烤5分钟——烤至比萨金黄松脆。

出烤箱时，将鳀鱼铺放在比萨上，撒上欧芹末，最后淋上几滴橄榄油。

茴香与那不勒斯萨拉米比萨

茴香、那不勒斯萨拉米

我想象中的这款比萨就像夏天里一盘香喷喷的沙拉：所有的香味都在闷热中蒸腾散发……

那不勒斯萨拉米，由最好部位的猪肉制成，香气浓郁，口感细腻，有淡淡的烟熏和胡椒味儿。

准备： 20分钟

烤制： 15分钟

4人食

280克比萨面团（参见P.18）

1~2根漂亮新鲜的茴香

80克里科塔奶酪

60克菲罗迪拉奶酪（细丝）

8~10片超薄的那不勒斯萨拉米（或者另一种胡椒精制
　香肠）

特级橄榄油

盐之花，现磨黑胡椒粉

茴香洗净，去掉菜筋（只留下娇嫩的珠光色部分），切薄片。加少许橄榄油、盐之花和黑胡椒粉调味。

预热烤箱至250℃。

在薄撒一层面粉的工作台上，尽可能细致地摊开面团。用刷子在烤盘上刷一层薄油，然后将面饼置于烤盘上。淋少许橄榄油在面饼上，放入烤箱烤10分钟。

将里科塔奶酪涂在面饼上，铺放菲罗迪拉奶酪丝和萨拉米，重新进烤箱烤5分钟——烤至面饼金黄松脆，里科塔奶酪和菲罗迪拉奶酪熔化，萨拉米微微焦脆。

出烤箱时，撒上茴香片。

西罗·科西亚

阿尔芭的食谱

I.G.P.博洛尼亚摩德代拉比萨

小香葱头、I.G.P.博洛尼亚产摩德代拉[1]

这是一款口味柔和、细腻（摩德代拉）的比萨，细细地烤就（普罗沃拉奶酪、罗勒）。

摩德代拉不能迁就平庸，因此你在选用熟肉时须非常严苛。

⋯⋯⋯⋯⋯⋯⋯⋯⋯⋯⋯⋯⋯⋯⋯⋯⋯⋯⋯⋯⋯⋯⋯⋯⋯⋯⋯⋯⋯⋯⋯⋯⋯

准备： 20分钟

烤制： 15分钟

4人食

280克比萨面团（参见P.18）

2~3个小香葱头（新鲜软嫩）

3~4片I.G.P.博洛尼亚产摩德代拉（薄片）

80克水牛奶普罗沃拉奶酪（细丝）

几片罗勒叶

20克帕尔马奶酪（新鲜磨碎）

特级橄榄油

盐之花

小香葱头洗净，剥皮，切成圆形薄片。

I.G.P.博洛尼亚摩德代拉切成细条。

预热烤箱至250℃。

在薄撒一层面粉的工作台上，尽可能细致地摊开面团。用刷子在烤盘上刷一层薄油，然后将面饼置于烤盘上。淋少许橄榄油在面饼上，放入烤箱烤10分钟。

将所有配菜依次铺放在比萨上：普罗沃拉奶酪丝、香葱片、摩德代拉、罗勒叶（西罗希望罗勒叶在烤制过程中增添"一点火煨的滋味"）和帕尔马奶酪碎，重新进烤箱烤5分钟——烤至比萨馅熟透，面皮金黄松脆，奶酪熔化。

出烤箱时，淋上几滴橄榄油，撒上香葱和盐之花。

① 摩德代拉：原文为"mortadella"，是加开心果的意大利式猪肉大香肠。——译者注

青番茄与红菊苣比萨

科罗纳塔猪油膏、青番茄、红菊苣

在熟肉店精美的柜台前，我犯了选择困难症：到底是科罗纳塔科猪油膏还是五花猪油膏？于是，我两种都买了。

这可是上好的精选猪肉——有时候我们吃比萨时会觉得奇怪，明明看不到这个配菜，可它为这道比萨增添了多少滋味啊！这款比萨入口即溶的口感源自哪里？松脆可口又来自哪里？香气宜人又来自哪里？通通都是拜这一道配料所赐！

准备：20分钟
烤制：15分钟

4人食
280克比萨面团（参见P.18）
1棵红菊苣（菜心）
1个新鲜且果香浓郁的青番茄
4~5片科罗纳塔猪油膏（薄片）
4~5五花猪油膏（猪五花部分）
60克水牛奶马苏里拉奶酪（细丝）
20克帕尔马奶酪（新鲜磨碎）
特级橄榄油
盐之花，现磨黑胡椒粉

青番茄和红菊苣洗净，红菊苣切成细条，青番茄切成薄圆片。

科罗纳塔猪油膏和五花猪油膏粗略地剁碎。

预热烤箱至250℃。

在薄撒一层面粉的工作台上，尽可能细致地摊开面团。用刷子在烤盘上刷一层薄油，然后将面饼置于烤盘上。将两种猪油膏铺放在面饼上，放入烤箱烤15分钟——烤至猪油膏熔化、肉碎变脆。

出烤箱时，撒上帕尔马奶酪碎，铺放红菊苣条和青番茄片；再淋上几滴橄榄油，放盐之花和黑胡椒粉调味；最后撒满水牛奶马苏里拉奶酪丝。

西罗·科西亚

阿尔芭的食谱

梨、索伦托核桃、烟熏火腿与芝麻菜比萨

梨、索伦托核桃、烟熏火腿、芝麻菜

这是一款美丽的秋季比萨：果香（梨、核桃）、熏烤味（普罗沃拉奶酪、烟熏火腿）、辛辣（芝麻菜）……

准备： 20分钟

烤制： 15分钟

4人食

280克比萨面团（参见P.18）

5~6片I.G.P.烟熏火腿（薄片）

80~100克水牛奶普罗沃拉奶酪（细丝）

1只漂亮的展会梨（果肉密实）

8~10个索伦托核桃（或者格勒诺布尔核桃）

20克帕尔马奶酪（新鲜磨碎）

1把芝麻菜

特级橄榄油

梨洗净，去皮，沿纵向切成薄片。

芝麻菜洗净去梗，沥干水分备用。

核桃仁整个儿压碎。

预热烤箱至250℃。

在薄撒一层面粉的工作台上，尽可能细致地摊开面团。用刷子在烤盘上刷一层薄油，然后将面饼置于烤盘上。淋少许橄榄油在面饼上，放入烤箱烤10分钟。

在比萨上铺放普罗沃拉奶酪丝、烟熏火腿片和梨片，重新进烤箱烤5分钟——烤至梨软糯而带着汁水（不要烤干），用烤箱的热气烘至刚刚好；烟熏火腿熔化。

出烤箱时，撒上帕尔马奶酪碎，铺放核桃碎，再摆上芝麻菜，淋上几滴橄榄油。

安努卡苹果、蒙泰拉栗子与脆皮烤猪肉比萨

安努卡苹果、蒙泰拉栗子、脆皮烤猪肉

安努卡苹果是那不勒斯人心中的"苹果皇后"，10月，在果子还小、颜色发绿的时候采摘下来，放在田中的木框里，定时翻面，等它们成熟变红。

苹果的表皮是扎眼的红，果肉是有光泽的白，密实，多汁，甘脆，果香迎人，微酸，爽口且果味细腻……

I.G.P.蒙泰拉栗子，外表珠光色、软而脆，是那不勒斯人心中的"栗子皇后"。将其晒干，烘烤，再加水烹煮，在圣诞餐桌上享有荣耀的位置。

西罗希望在我的食材单上加入普罗沃拉奶酪：熏烤味的，口感正好衔接了苹果和栗子的滋味。

准备： 25分钟

烤制： 15分钟

4人食

280克比萨面团（参见P.18）

5~6片脆皮烤猪肉（薄片）

80克普罗沃拉奶酪（细丝）

1~2个I.G.P.安努卡小苹果（微酸的小苹果，结实、有光泽 ）

3~4个I.G.P.蒙泰拉栗子（烤熟剥皮）

几片罗勒叶

特级橄榄油

苹果洗净，不要去皮，去核，切成薄圆片。

栗子仁切细末。

预热烤箱至250℃。

在薄撒一层面粉的工作台上，尽可能细致地摊开面团。用刷子在烤盘上刷一层薄油，然后将面饼置于烤盘上。淋少许橄榄油在面饼上，放入烤箱烤10分钟。

在比萨上铺放脆皮烤猪肉、普罗沃拉奶酪丝 、栗子末和苹果片，重新进烤箱烤5分钟——烤至苹果软糯而带着汁水（不要烤干），用烤箱的热气烘至刚刚好。

出烤箱时，放上罗勒叶作点缀，淋上几滴橄榄油。

> **美味小贴士**
>
> 后来我再做这款比萨，出烤箱时，有时候会将熟的安努卡苹果碎撒到比萨上，苹果微酸的口感为这款比萨带来一份勃勃生机。

猪头肉火腿肠比萨

猪头肉火腿肠

猪头肉火腿肠是一种乡村传统熟肉制品。在每年最冷的时候制作，将一个整猪头（脸、嘴、舌头）放在加了香料的蔬菜汤里煮上几个小时，香料包括百里香、月桂、胡椒、肉桂、肉豆蔻、杜松子、丁香……肉需要去骨脱脂，加盐和胡椒调味，还要加入松子、杏仁、开心果、柑橘皮，有时候还会加入朗姆酒或者其他酒，然后将肉碾碎，放入模具中——模具可以是"小盒子"或"肠衣"。

不需要等待猪头肉火腿肠成熟，放置几天以后，香味儿散发出来就可以了。它的颜色是温柔的粉红色，肉质脆且入口即溶，香气细腻宜人，放在一片刚烤好的面包上，马上就是一道完美的小食。

....

准备： 25分钟
烤制： 25分钟

4人食
280克比萨面团（参见P.18）
8~10片猪头肉火腿肠（薄片）
1个结实、有光泽的小茄子
60~80克菲罗迪拉奶酪（切成薄片）
几片罗勒叶
20克帕尔马奶酪（新鲜磨碎）
特级橄榄油
盐

茄子洗净，不要去皮，沿纵向切成薄片。向平底锅加入少许橄榄油，大火煎至金黄、软糯，然后放在吸油纸上吸干多余水分，加盐调味。

猪头肉火腿肠切成薄片。

预热烤箱至250℃。

在薄撒一层面粉的工作台上，尽可能细致地摊开面团。用刷子在烤盘上刷一层薄油，然后将面饼置于烤盘上。淋少许橄榄油在面饼上，放入烤箱烤10分钟。

在比萨上依次铺放：茄子片、猪头肉火腿肠片和菲罗迪拉奶酪片，撒上帕尔马奶酪碎和罗勒碎，重新进烤箱烤5分钟。

出烤箱时，面饼金黄，茄子、猪头肉火腿肠和菲罗迪拉奶酪烤至熔化。

基诺 · 索比罗

GINO SORBILLO

用姓氏代言那不勒斯比萨的人——基诺·索比罗

第四个火枪手：快餐比萨，美味比萨！

写 这本书之前，我从未吃过基诺·索比罗（Gino Sorbillo）的比萨。然而我见过他本人，在一次比萨课程上：一位帅小伙兼好老师。他从容地展示着自己的和面艺术，介绍经验和各种手法。

当然，我早就知道他的姓氏——从1935年起，"索比罗"（Sorbillo）在那不勒斯就被视为比萨的同义词，有着一流的名望。他的比萨店位于法庭街（Dei Tribunali）的上德库马努斯街（decumano[1] maggiore）中心地带，我感觉那家店门口永远排着一条长长的队。但我却从未推开过他比萨店的大门。

那不勒斯在这出情节曲折的美食游戏里扮演了中间人的角色。以这座城市的特性，它应该知道基诺有些非常个人和质感的东西要加在比萨上。

在街角转弯处，我邂逅了骑着小摩托车的基诺。"今晚我给你留一张桌子吧？"我欣然接受。

我带着满满的好奇和食欲走进了他的比萨店。当代的装饰风格，大理石的桌子，古风的椅子。

第一道比萨端上来了：一件基诺希望给我品尝的作品。说说这款比萨的配料：番茄酱（有机小番茄）、朝鲜蓟心（太阳下晒干）、磨碎的A.O.C.拉古萨诺奶酪（一种神奇的西西里奶酪）。

要问这款比萨面团的发酵时间：堪称一次试验，一次探索，30个小时！

面团堪称完美，烤制也无懈可击。番茄用得恰到好处而没有喧宾夺主。我美滋滋地享用了。

另一个精选卡尔佐内，经典款，鲜美、难忘、巧妙。棒极了，基诺！

比萨火枪手的确是四个：恩佐·科西亚（Enzo Coccia）、西罗·科西亚（Ciro Coccia）、恩佐·皮奇里罗（Enzo Piccirillo），当然必须加上基诺·索比罗（Gino Sorbillo）的大名……

离开之前，我观察了一下门口正在排队焦急等待的比萨铁粉们。

"不少于130人"基诺的妈妈告诉我。她负责拿着本子记录每位客人到达的顺序。

我鼓起勇气问了个问题："基诺，你一天烤多少个比萨？"

"600……800……1200……"

"……这可真不少！"

于是我决定第二天再来，就守在烤炉旁边：从午餐时间上的第一个比萨一直到最后一个。我希望亲身体验这种热烈的节奏。

索比罗比萨店由基诺的祖父母路易吉（Luigi）和卡罗丽娜（Carolina）创立。他们共有21个孩子，都是比萨厨师，甚至连女儿都是：艾斯莱丽娜（Esrerina）、阿德莉亚娜（Adriana）、艾琳娜（Elena）、玛丽莎（Marisa）、卡米拉（Carmela）、玛利亚露莎丽雅（Mariarosaria）。

基诺·索比罗，37岁，索比罗家族的第三代，无可争议的那不勒斯比萨大师之一：睿智、微笑、热情、行动派、容易联系到的——所谓的"脸书"（Facebook）一代……并且精力充沛不知疲倦，他揉面、摊开、甩面、放配料，掌炉，身边被一支非常高效的团队包围——他们年轻、敏捷、活力、迅速。

每天，他的烤炉都以一种着了魔一样疯狂的节奏送出几百个比萨：每一个都那么完美，每一个都那么杰出。

[1] decumano：源于古罗马时期的城市规划，东西方向的主街道称为"decumano"，在那不勒斯有三条。

他细腻超凡的面团——软绸缎一样的质地，富有弹性，非常轻便容易消化，这一切都归功于长时间的精心发酵：至少9个小时，经常14个小时。巨大的比萨就像它们赋予视觉的巨大欢乐那样，活泼地超越了盘子的边缘，是美食家们无边的愉悦。

我们在的那一天，午餐时间第一位客人于12点02分到店，最后一位于15点35分到达。在二者之间，差不多有600份比萨被端上桌，几乎每分钟出3个比萨！这是一场有磁性的演出。劳伦斯的照相机记录了这些颇具吸引力的时刻。

烤炉旁边的狭窄的空间里，散发着那不勒斯全部的浓稠感：8个人——基诺、卡尔米娜（Carmine）、斯特凡诺（Stefano）、帕斯卡莱（Pasquale）、曼努艾尔（Manuele）、恩佐（Enzo）、安东尼奥（Antonio）、帕特里奇奥（Patrizio），再加一个烤炉，都聚集在这14平方米的空间里。

气氛像过了电一样，兴奋而激昂，却从不会激化。

团队融洽得像焊接在一起了，随着大厨命令的节奏而活跃着，激动着，丝毫没有松懈的时候。

团队的协调是必需的，显而易见的是每个人想把事情做好的愿望。这个团队每个人的注意力都集中到了顶点，我看到这狭窄的空间里穿梭着劳动、成绩和展示。时不时地，面团被抛起，被基诺在空中拉伸："工作台上没地方了。"

奇怪的是，竟然一点嘈杂声也没有。只有相互鼓励的氛围，像默念的口号一样在空气中重复着。所有关于"努力"的同义词，在唯一的时间里被细细数尽：执行大厨命令！

"Vai vai, non vi fermate."——继续继续，不要停。

"Procedete！"——前进，干活儿！

"Ragazzi dovete volare！"——加快速度小伙子们！

"Parlate ma non vi fermate."——说话手不要停。

"Non vi fermate""Non vi fermate""Non vi fermate mai, che abbiamo finito……"

——别停，别停，永远别停下，我们已经完成了……

这种无差错状态一直持续到比萨店服务结束的时候。

卸下压力，平静归来。然而不久之后，晚上就又开始营业了，周而复始，每天如此……

"比萨师"，基诺对我说，"是一个精确的职业，需要一丝不苟：做砸了的比萨不可能重来，比萨上一旦加了配料就不能再拿掉，无法改变，只有一次做好的机会……"

我问基诺的最后一个问题："当你自己想吃一份好吃的比萨时，你会去哪儿？"

"去'拉·马萨尔多娜'（La Masardona），恩佐·皮奇里罗店里，油炸比萨之王！"

索比罗比萨店（PIZZERIA SORBILLO）

地址：Via dei Tribunali, 32 - Napoli

电话：0039 081 44 66 43

中午和晚上营业，周日休息。

恩佐·皮奇里罗（ENZO PICCIRILLO）

拉·马萨尔多娜比萨店（*La Masardona*）

油炸比萨之王——恩佐·皮奇里罗

油炸比萨：想要懂它，你得先尝尝！

在 与恩佐·皮奇里罗（Enzo Piccirillo）见面之前，我以为油炸比萨是一种低版本的、不完美的比萨，比燃木比萨炉里端出来的比萨低一个档次，因此这种比萨我一口也不吃。终于有一天，在一场交谈的间歇处，我第一次听到拉·马萨尔多娜（La Masardona），曾经的那些偏见通通被颠覆了。

拉·马萨尔多娜：是恩佐·皮奇里罗的祖母——安娜·曼弗莱迪（Anna Manfredi）的外号。

拉·马萨尔多娜：是小个子女人，爱传闲话，整个街区里的女人们都爱把自己的秘密与她分享，然后她会以谨慎的声音传到另一只合适的耳朵里。到此为止，跟油炸比萨毫无关系……

20世纪40年代，在每个月月末圆满结束的日子里，安娜（Anna）都喜欢在门前摆一张桌子，架上火和一大口锅，成为焦点。

她的油炸比萨风靡了整个街区。

在那不勒斯，一直以来"油炸比萨"被看作是女人干的活儿，女人们自己鼓捣：一口平底锅，一条够宽的街道，燃木烤炉对于这种活儿来说太贵了。精明狡黠的那不勒斯妇女"为了避免竞争，商量好轮流每人一天"，恩佐跟我讲道，"星期日就是'拉·马萨尔多娜日'"。

圣诞节的时候，就不做油炸比萨了，拉·马萨尔多娜做洛可可饼干[1]—— 一种传统的跨年节日饼干，复活节的时候做托塔诺[2]和夹馅比萨。

她的声望就此树立并且走出了街道。

卡米拉（Carmela），恩佐的母亲，继承了"拉·马萨尔多娜"，然后恩佐在表姐大罗莎（Rosa grande）和表妹小罗莎（Rosa picola）的帮衬下，又从卡米拉手中接过衣钵。

我下定决心要对得起自己真正的第一次油炸比萨体验，于是我小心翼翼地安排了自己的朝圣之路。为了使自己有胃口，我徒步穿越了那不勒斯，从古城中心直到火车站。我从幸运比萨店前经过，向西罗打招呼并谢绝了他的邀请："今天我得吃油炸比萨！"我绕过加里波第广场（Piazza Garibaldi），抄近路穿过阿尔纳多·路奇街（Corso Arnaldo Lucci），然后来到了非常市井大众的"新家"街区（Case nuove）探险。

上到"湿地圣安娜"教堂，然后右转，这趟朝圣之旅的奖赏就在卡帕乔·朱里奥·切萨莱街（Via Capaccio Giulio Cesare）的27号等着我。在那里每天早上7点起，恩佐开门迎客，飨宴大众。

这里只卖油炸比萨，除此之外别无其他。

人行道上摆着三张桌子，已有几个食客入座，更多的客人站在店里的柜台前。

一派家庭的融洽，他们都是油炸比萨的朋友、忠实的信徒、支持者。

"Enzo, fammi una pizza senza pomodoro e con molto pepe!"——恩佐，给我来份比萨，不加番茄多放胡椒！

"拉·马萨尔多娜"是某些人一天当中的停顿：在一条人声鼎沸的街道上热忱而美味的休憩，在这样一座众所周知充满了人性的城市中。而人性如火山，偶尔激荡汹涌。

我回到座位，重新定位：唉，是呀，我并不是那个街区的人，哎呀，其实我还没有成为油炸比萨俱乐部中的一员……

好奇的目光和善意的微笑。

一张菜单。

我没有马上点菜。

---

① 洛可可饼干：原文为"roccocos"，那不勒斯特色饼干，用杏仁、面粉、糖、蜜饯和传统香料做成。——译者注
② 托塔诺：原文为"tortano"，复活节咸蛋糕。——译者注

Antica
Friggitoria - Rosticceria
dal 1945
Masardona

UNICA SEDE

Via G. Capaccio, 27 (Na) - Tel. 081/281057

MARCIA   ARRESTO

首先打量起这个地方，我讶异于这里的一尘不染：刷到发亮的不锈钢灶台，抽油烟机每日更换的铝罩、清澈的炸油。

外送的食物全部包进漂亮的配有饰带的牛皮纸袋中……

然后看看那些客人，他们都是离得不远的邻居：市场上的工人、火车站的上班族、街道上的小商贩。也有慕名而来，从通往罗马的高速公路上下来，绕远道来恩佐的店里用午餐，然后再出发上路的人。

欢乐和幽默无处不在。是油炸本身能带来什么特殊的效果吗？它是否比别的食物更能点燃人们的笑容？

然后我将目光移到恩佐和他正在比萨面团上跳华尔兹的手指。他的动作有所不同。油炸比萨——两块面饼，完美叠合，包住肉馅，拳头轻柔而精确地压住边缘，由里向外：这样可以吸入空气来使比萨裂开。

比萨被拉长抻大，完美地包裹住不让油进入其内部，被油的热度吹起来。

下锅时，高温使油微颤，欢快地起着泡，然后比萨鼓起来——漂亮的金黄色气球，闪闪发光，很具观赏性。

漏勺和铁扦被用来在油中给比萨翻面，然后将比萨盛出油锅。沥干，包进一只吸油的牛皮纸袋中，然后在热气腾腾中双手握着马上吃掉，小口细咬，别大口贪吃。

油温完美，油炸手艺可评三星。

"恩佐，比萨在多少度下锅合适？"

他看着我回答道："在合适的温度！"

我开始点菜："Una completa." ——全料一份：里科塔奶酪、猪油渣、普罗沃拉奶酪、番茄和胡椒！……我激动不已地期待着！

一块非常细腻的面团，飘香四溢、金黄酥脆、有滋有味，面饼里还包裹着软嫩而入口即化的配料……我直接上手，大快朵颐，吃完了还意犹未尽地舔了舔手指头！

油炸比萨是一门艺术——一门关于发面、面团充气和缔造酥脆细腻质地的艺术。

"恩佐，你的秘诀是什么？"

"我只是在祖母的食谱上做了一点升级——我想让我的比萨是最好吃的，因为我希望顾客们吃完再来。"

恩佐的一切哲学皆在于此。在这种真诚的、供食的简单中，蕴藏了一种原始的智慧。大繁至简：一切皆在于美味和欢乐！

在此番探店之后，接下来的一周我又去了三回。在此期间，我了解到恩佐依然保留着拉·马萨尔多娜的习惯，并且为油炸比萨上加上了一些例外：

星期二，提供帕尼泰罗；星期六，是那不勒斯小炸物：炸米团、可乐饼①、意面鸡蛋饼；托塔诺和夹馅比萨是菜单上的常设项，供客人随时点菜；圣诞节的时候供应洛可可饼干。

没想到我之前多年的忌口，竟然演变成一个成瘾的嗜好……

今天，我知道油炸比萨——相较于炉烤比萨——依然具有更多的那不勒斯本土性：前者你只能在那不勒斯找到，而后者则出口到了全世界。

布里亚·萨瓦兰（Brillat-Savarin）② 曾经写过："告诉我你吃什么，我就能告诉你你是谁。"

当我吃"拉·马萨尔多娜"的油炸比萨时，我就是那不勒斯人！

拉·马萨尔多娜（LA MASARDONA）

地址：Via Capaccio Giulio Cesare, 27
80142 Napoli
电话：（+39）081 281057
每天营业，周日到周一7:00—15:30！
周六18:00—22:00营业。

① 可乐饼：原文为"crocchè"，即炸土豆团。——译者注
② 布里亚·萨瓦兰（Brillat-Savarin）：法国美食家。——译者注

比萨面团的制作

准备：30分钟
发酵：6小时

制作12~14个重量110~120克的小面团

1千克00面粉

25克盐

0.5升水

1小撮糖

1~2勺新鲜全脂牛奶

10克面包酵母

在揉面盆中注入水和牛奶，加盐、糖和酵母并搅拌均匀，逐渐地将面粉均匀撒入混合。

用力揉面，双拳交错轻轻揉压，使其氧化柔软，慢慢成形。揉面约进行15~20分钟，直至面团光滑、均匀。

当面团吸收了全部的面粉（揉面盆的侧边和底部都干净时），取出面团放在工作台上继续揉大约10分钟，以一种拉伸/按压的方式让面团充气边被拉抻。

将面团切成每个重110~120克的小面团，准备做油炸比萨和巴提洛考[1]。

将这些小面团放在一块薄撒面粉的平盘上，彼此间保持间隔，盖上一块干净的布，放在干燥、暖和、不通风的地方发酵6小时。

时间一到，在薄撒一层面粉的工作台上迅速摊开面团，无须像做炉烤比萨（恩佐和西罗·科西亚做的那种）那样细致：先用指尖按压，然后两个手掌来回拉抻使面团由内向外不断抻大，放配料，用另一块面饼覆盖其上，捏合边缘，摊开装好配料的面饼。

过油炸，最后享用美味！

你可以用自动和面机制作面团，以1挡速和面20分钟，这样可以使面团充分氧化而不会过热，然后在工作台上继续揉面并摊开面团。

比萨大厨的秘诀

• 制作所有的面团（比萨、托塔诺、莎布蕾、洛可可饼干），恩佐·皮奇里罗都使用00面粉，但不是恩佐和西罗·科西亚用的那种！

• 恩佐和西罗·科西亚用的面粉（蓝袋卡普托面粉和红袋卡普托面粉）可以在很长的发酵时间（直至12小时）之后获得一块张力和延展性俱佳的比萨面团。

• 恩佐·皮奇里罗使用的这种00面粉（黄袋卡普托面粉）来自一种混合小麦，稳定性低，但可使面团获得弹性与柔软度之间的平衡。

---

[1] 巴提洛考：原文为"battilocchio"，半月形油炸面饼。——译者注

油炸

油炸是一种非常古老的烹饪技术（"在油中沸腾"——古罗马的厨师们这样讲）。油炸是指在高温下脱水的过程，使食物表面发皱并且变得酥脆，炸熟，上色，赋予味道并改变食物本身的肌理。

唯一需要强调的是……成功的油炸应该追求完美，获得的结果是一场美食的蜕变。

关于油炸的三条黄金定律

1. 选好油

每一种油都有不能超过的"起烟点"。选择能在热度中保持稳定的油，如花生油或橄榄油（味道更地道价格也就更贵）。避免使用玉米油、葵花子油、油菜籽油或豆油，它们不够稳定，经不住热。

油在每次使用之后都要重新过滤（用一个咖啡滤网），滤去残渣，因为残渣在下一次的油炸中会糊。

使用两次到三次后，就要换新油。不要在炸过的熟油中掺入没用过的新油：这种发生了质变的油炸出的食物酥脆度会下降，也不好消化。

2. 掌控好油温

当我们在合适的温度下将食物浸入油中，食物中所含的水分就会蒸发，蛋白质凝结，糖分焦化——一层细密的皮就形成了，它能阻挡油进入食物内部。

想做清淡且易消化的油炸食物，好的油温是秘诀之一。油温不能超过180℃：一旦超过这个温度，油会起烟，油质降低。所以掌控好你的油温（在一只炒锅中或者一只大的平底锅中），避免用过大的火烧油。

为了确定温度，可使用一小块面包测试下：如果面包块在油中被一些细小微颤的泡泡围住，那你就可以开始炸了。如果面包块很快就变成褐色，说明油温过热，需要移开锅子，将火关小。

油炸时将你的食物慢慢浸入油中，每次少量，不要让油凉掉，这样才能炸得均匀。

3. 现吃现炸……

要想获得一份酥脆的炸物，那就在享用前的最后一分钟再做吧。

用漏勺沥干，然后放在吸油纸上吸走多余的油。

如果你提前炸好了，不要遮盖，那样炸物会变软，凉到温而不烫的时候再把炸物包进食品包装纸中。

品 尝

无论表面如何呈现，油炸比萨绝对是一款"慢餐"。

对它的享用需要慢：刚出油锅的时候，它金光闪闪、酥脆、色相绝佳。

待沥干油，包入牛皮纸后呈上，你此刻只有一个想法：撕开一顿啃！

但绝对不建议你这样做——它还是滚烫滚烫的呢！

吃油炸比萨的专家建议如下享用仪式：

坐式。将牛皮纸平放，抽出面饼的一角，让烹饪遗留的热气散出，嘶啦……比萨瘪了下来。首先享用到美食的是鼻子的嗅觉：面饼……飘香四溢……馅料……香气逼人……然后，慢慢地，撕开牛皮纸，让自己沦陷在这持久的口腹之欢中。

站式。将裹着比萨的牛皮纸从顶部撕开，以同样的方式，稍有差别：随着享用美食的推进，轻压底部，让馅料上升到嘴巴可及的地方。

我并没有说明但你应该猜得到："拉·马萨尔多娜"的油炸比萨，是用手直接拿着吃的。

恩佐·皮奇里罗的食材

P.295：

和老板毕普（Beppe）一起在他的"帕鲁米勒"（Palummello）店里。

位于街的另一角，毕普是一位杰出的牡蛎养殖者——始终如一且满怀激情。对恩佐来说，这里有这座城市最好的海产品。

我也是这么觉得！

P.296：

恩佐在市场上。

他隔壁街角的一家蔬菜店，还有他的儿子克里斯蒂亚诺（Cristiano）。

油炸比萨和巴巴提洛考

全料款油炸比萨

要想描述恩佐·皮奇里罗的油炸比萨，确是一道难题：因为语言和图片都不足以表达到位。这款比萨细腻、轻盈、酥脆、内里中空，实在不失为一件小小的手工艺奇迹。我们看不到这个金色的"珠宝盒"里面装了什么，也猜不出有多么好吃……

要想真正领略恩佐·皮奇里罗的油炸比萨是多么的独一无二、美味无法抵挡，你需要在下回来那不勒斯的时候亲自品尝……或者，要不然，你就自己动手做吧！

准备：10分钟
烤制：5分钟

1个油炸比萨（1人食或共享）
220~240克比萨面团（2个小面团，参见P.286）
40克里科塔奶酪
40克猪油渣（热肉酱）
80克普罗沃拉奶酪（质地坚实瓷实）或斯卡莫扎奶酪
20克番茄酱
现磨黑胡椒粉

油炸工序
2升花生油

工具
1把漏勺
1个沥水器
吸油纸

向油锅内倒油，加热至合适的温度。

里科塔奶酪沥干。普罗沃拉奶酪切成薄片，再切成小方块。猪油渣切成小丁。

在薄撒一层面粉的工作台上，用指尖按压2个面团，使它们变成两个直径一样的面饼，不要太薄。

在其中一块面饼上加配菜。馅料都放在中间（至少留出1.5厘米的边缘部分）：先铺放里科塔奶酪，再放猪油渣、番茄酱和普罗沃拉奶酪，最后撒上黑胡椒粉。

将另一块面饼覆盖在配料上方，使边缘重叠，捏合边缘并压平凸起的部分：先用指尖，然后用拳头轻压边缘部分。将比萨从工作台上拿起，轻轻地向外拉抻（恩佐会将比萨翻面然后在空中甩抻！），使面饼逐渐变大。

拿起比萨，迅速放入油中，避免粘到锅边。

用漏勺将没有浸入油中的一面浇上热油：面饼会被热度"吹"起来。当油中的一面着上了一层漂亮的金黄色之后，将比萨翻面炸，使另一面也着色——面饼炸至金黄酥脆，几乎焦化！

在吸油纸上沥干比萨，然后享用美味吧！

美味小贴士

用一小杯玛莎拉葡萄酒佐餐这道全料款油炸比萨：这是一项传统，在"拉·马萨尔多娜"，我觉得这很时髦！

恩佐·皮奇里罗

油炸比萨和巴提洛考

在拉·马萨尔多娜比萨店，既没有点菜也没有菜单

顾客就是上帝。所有其他的油炸比萨店都基于全料款之上做减法游戏：不放番茄，不加猪油渣，不加胡椒，不要里科塔奶酪……或者加法游戏：多放里科塔奶酪，多放猪油渣，多放普罗沃拉奶酪……

然而，恩佐向来不接受"多放番茄酱"：那样会浸湿他的比萨面团！在高峰期，当客人们聚集在炸物橱窗前，当订外卖的电话响个不停时，所有这些例外要求都使我头昏脑涨。

无论是恩佐还是他的团队，从来没有出过一个配送错误。可是……一旦油炸比萨封了边儿，又怎么能知道它里面究竟装了什么馅料呢？各行各业都有自己的诀窍！

以玩儿的心态旁观了几场点餐喜剧之后，我终于明白，这种口味的加减法游戏实际上显露了恩佐食客们的天性与幽默。一位女顾客要求"多放里科塔奶酪"，她需要一种温柔的抚慰；而一位男顾客要求"多放胡椒"，因为他疲惫，寻求一个鞭挞的动力……

1. 番茄条、普罗沃拉奶酪与罗勒油炸比萨
切成四瓣的小番茄、普罗沃拉奶酪和罗勒

夏天，应某些客人的要求，一串小番茄替换了番茄酱，加些罗勒叶会使馅料滋滋起泡。美味：碎裂的小番茄将新鲜口感绽放在这个口味堪称香甜的面粉珠宝匣中……

1

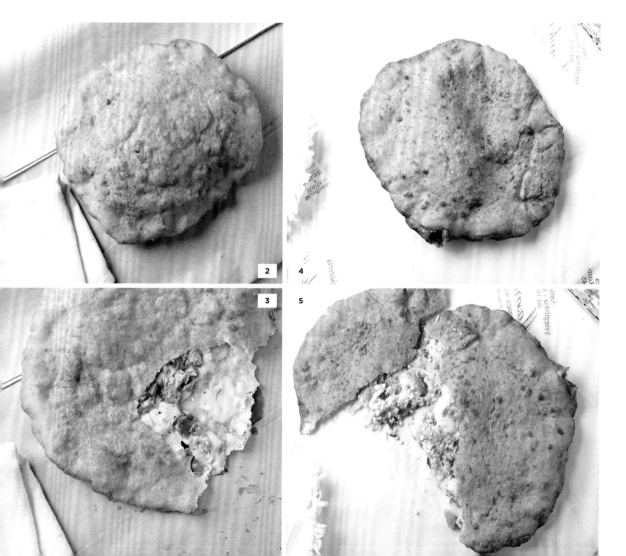

2

4

3

5

2&3. *普罗沃拉奶酪与猪油渣油炸比萨*

普罗沃拉奶酪、热肉酱

馅料的算法公式：这是一款没有里科塔奶酪和番茄酱的全料款油炸比萨。白色，没有加番茄，用罗勒提香。

4&5. *不加猪油渣的油炸比萨*

里科塔奶酪（不含热肉酱）

馅料的算法公式：这是一款猪油渣减量，但是里科塔奶酪加量的全料款油炸比萨。入口即化，且拥有称心如意的奶油质地——一款姑娘们的比萨！

花样美味

恩佐·皮奇里罗

油炸比萨和巴提洛考

304

5

1&2. *不加里科塔奶酪的油炸比萨*

不加里科塔奶酪

馅料的算法公式：这道全料款油炸比萨没有里科塔奶酪，但是多了一点猪油渣。这一款更加阳刚的比萨，罗勒带来了某种内敛的口感……

3&4. *火腿、普罗沃拉奶酪与番茄油炸比萨（不加里科塔奶酪）*

火腿、普罗沃拉 奶酪与番茄（不加里科塔奶酪）

馅料的算法公式：这道全料款油炸比萨有点儿小特别，没有里科塔奶酪，用熟火腿代替了猪油渣和罗勒，赋予比萨可爱的香气。

食客的心理学？他监督着自己不越线，其实心里非常想来一份油炸比萨！于是他用这个替换的小游戏来安慰并说服自己：毕竟是用火腿代替了猪油渣……

那还得来一小杯啤酒，但是啤酒……其实不就是水嘛！

5. *苦苣菜油炸比萨*

苦苣菜

这款油炸比萨不"多"不"少"，刚刚好：和全料款差别很大，是一个特别定制款：加入了松子、煎苦苣菜、葡萄干和黑橄榄。整体很清淡，可甜可咸……一道比萨就是一场盛宴，一种乐趣！

恩佐·皮奇里罗

油炸比萨和巴提洛考

不加番茄的巴提洛考

不加番茄

巴提洛考是油炸比萨的姐妹篇：用一块面饼折叠起来做成的半月形炸物。

准备： 10分钟
制作： 5分钟

1个巴提洛考（1人食）
110~120克比萨面团（参见P.286）
20克里科塔奶酪
20克猪油渣（热肉酱）
40克普罗沃拉奶酪（质地坚实瓷实）或斯卡莫扎奶酪
黑胡椒粉

油炸工序
2升花生油

工具
1把漏勺
1个沥水器
吸油纸

向油锅内倒油，加热至合适的温度。

里科塔奶酪沥干。普罗沃拉奶酪切成薄片，再切成小方块。猪油渣切成小丁。

在薄撒一层面粉的工作台上，用指尖将面团推开成一个面饼，不要太薄。

放馅料：先在面饼的半边涂上里科塔奶酪（至少留出1.5厘米的边缘部分），再在上面铺撒普罗沃拉奶酪和猪油渣，最后撒上黑胡椒粉。

将没有放馅料的另一半折叠盖住有馅料的半边，使边缘重合，捏住边儿并压平：先用指尖，再用拳头轻轻按压。最后将巴提洛考从工作台上拿起来，轻轻地抻长。

将巴提洛考迅速放入油中，避免粘到锅边。用漏勺将没有浸入油中的一面浇上热油：面饼会被热度"吹"起来。当油中的一面着上了一层漂亮的金黄色之后，将巴提洛考翻面炸，使另一面也着色——面饼炸至金黄酥脆，几乎焦化！

在吸油纸上沥干巴提洛考，然后马上开始享用吧！

平底锅煎西洋菜薹食谱

一把娇嫩的西洋菜薹，洗净去梗。向平底锅中加入少许橄榄油、一个小辣椒和一瓣手掌压碎的大蒜，大火煎西洋菜薹。关小火，盖上锅盖，焖8~10分钟——西洋菜薹轻微发脆，加盐调味。

恩佐·皮奇里罗

油炸比萨和巴提洛考

花样美味

巴提洛考和油炸比萨一样，有个巴提洛考的全料版本：里科塔奶酪、猪油渣、普罗沃拉奶酪和番茄酱。

巴提洛考和油炸比萨一样，也有同样的加减法游戏：由食客自己选择！

1~3. 普罗沃拉奶酪与西洋菜薹巴提洛考

普罗沃拉奶酪、西洋菜薹

这是一款特别的巴提洛考：配料有西洋菜薹和熏制的普罗沃拉奶酪。口感非常舒适：普罗沃拉奶酪的熏制口感，奶油易溶的质地，包裹着新鲜西洋菜薹的植物苦涩味道……西洋菜薹是一种菜花嫩芽，其花和叶都很细嫩。那不勒斯人喜欢用橄榄油煎西洋菜薹，撒上少许大蒜和辣椒，可以作开胃菜，或者和肉类，尤其是香肠一起吃。"香肠配西洋菜薹"是那不勒斯美食中非常大众化的一道菜。

4. 普罗沃拉奶酪与里科塔奶酪巴提洛考

普罗沃拉奶酪、里科塔奶酪

馅料的算法公式：不放番茄酱，也不放猪油渣，这款巴提洛考入口即溶，馅料慷慨丰富：里科塔奶酪和普罗沃拉奶酪。就是这样了。

能多益巧克力榛子酱巴提洛考

一款温柔的，令人无法抵抗的巴提洛考。

这是恩佐为他的两个孩子 —— 萨瓦多（Salvatore）和克里斯蒂亚诺（Cristiano）创作的，在他们都还是小孩儿的时候。后来他们长得飞快——现在都上大学了！可是依旧无法抵抗能多益[1]巧克力榛子酱巴提洛考的诱惑……亦如普鲁斯特的小玛德莱娜蛋糕，你能明白那种感觉吗？

本来是为孩子们做的，后来恩佐的食客们也不厌其烦地对这道美食点了又点……你是否觉得出乎意料？

① 能多益：品牌名"Nutella"，是意大利厂商Ferrero生产的榛子酱。——译者注

料理级油炸比萨

恩佐·皮奇里罗

料理级油炸比萨

恩佐油炸比萨料理

无花果、帕尔马火腿、里科塔奶酪

油炸比萨，如此令人有食欲，是否也可以将它做成精致的料理？——我把这个问题抛给恩佐。

他开始有些踟蹰："精致料理"？那恐怕需要一个背井离乡住在巴黎的那不勒斯人，用他那份无拘无束的洒脱，才能想出这么花哨的主意！

但是他很快就被说服了，并且对这个即兴的练习结果既惊又喜。

那么，接下来就为你展示这些"精致料理"款的油炸比萨，它们都是传统油炸比萨的创意新花样。

准备： 20分钟
制作： 5分钟

6人食（分享1个比萨）
110~120克比萨面团（参见P.286）
3片帕尔马火腿（薄片）
4~5个熟透的、甜甜的白无花果
几片红菊苣叶
20克里科塔奶酪

油炸工序
1升花生油

工具
1把漏勺
1个沥水器
吸油纸

向油锅内倒油，加热至合适的温度。

红菊苣叶洗净，切成细长条。无花果一切四瓣。

在薄撒一层面粉的工作台上，细致地摊开面团，用刀划出一道口子，使面饼在油炸的过程中能均匀地鼓起来。

将比萨拿起，迅速放入油中，避免粘到锅边。用漏勺将没有浸入油中的一面浇上热油：面饼会被热度"吹"起来。当油中的一面着上了一层漂亮的金黄色之后，将比萨翻面炸，使另一面也着色——面饼炸至金黄酥脆，几乎焦化！

在吸油纸上沥干比萨饼，加上配料：先放红菊苣叶、帕尔马火腿，然后放一切四瓣的无花果和里科塔奶酪片。

美味不要等，马上配着一盘夏季沙拉享用吧！

安娜油炸比萨料理

里科塔奶酪、猪油渣、黑胡椒

我喜欢安娜这种直观的考究、精致，这道比萨的双重烹制——先油炸再进炉烤，是真正有灵感的创作，它酥脆、融糯的双重口感也确实难得！

准备： 15分钟
制作： 8分钟

6人食（分享1个比萨）

110~120克比萨面团（参见P.286）
80~100克里科塔奶酪
80~100克猪油渣（热肉酱）
现磨黑胡椒粉

油炸工序

1升花生油

工具

1把漏勺
1个沥水器
吸油纸

向油锅内倒油，加热至合适的温度。

烤箱调至烧烤挡，预热。

猪油渣切细丝①。

在薄撒一层面粉的工作台上，细致地摊开面团，用刀划出一道口子，使面饼在油炸的过程中能均匀地鼓起来。

将比萨拿起，迅速放入油中，避免粘到锅边。

用漏勺将没有浸入油中的一面浇上热油：面饼会被热度"吹"起来。当油中的一面着上了一层漂亮的金黄色之后，将比萨翻面炸，使另一面也着色——面饼炸至金黄酥脆，几乎焦化！

在吸油纸上沥干比萨，加上配料：先放里科塔奶酪，再放猪油渣。

将比萨放进烤箱，在烤架上烤2~3分钟，使猪油渣烤熟并将香味释放出来：安娜喜欢猪油渣开始"cartonner"，即酥脆但仍然保持软糯的口感！

出烤箱后，立即撒黑胡椒粉，并呼朋引伴一起享用吧！

---

① 将香料叠起来然后切细丝的刀法。——译者注

大罗莎油炸比萨料理

普罗沃拉奶酪、西葫芦花

准备： 20分钟
制作： 10分钟

6人食（分享1个比萨）
110~120克比萨面团（参见P.286）
150克花蕾（西葫芦花）
80~100克普罗沃拉奶酪或斯卡莫扎奶酪
1瓣蒜
橄榄油
盐，现磨黑胡椒粉

油炸工序
1升花生油

工具
1把漏勺
1个沥水器
吸油纸

西葫芦花洗净，去蒂。

向平底锅加入少许橄榄油，放入蒜瓣（剥皮后用手掌压碎），大火煎3~4分钟——煎至西葫芦花刚熟，撒少许盐调味。

普罗沃拉奶酪切成薄片。

向油锅内倒油，加热至合适的温度。

在薄撒一层面粉的工作台上，细致地摊开面团，用刀划出一道口子，使面饼在油炸的过程中能均匀地鼓起来。

将比萨拿起，迅速放入油中，避免粘到锅边。

用漏勺将没有浸入油中的一面浇上热油：面饼会被热度"吹"起来。当油中的一面着上了一层漂亮的金黄色之后，将比萨翻面炸，使另一面也着色——面饼炸至金黄酥脆，几乎焦化！

在吸油纸上沥干比萨，加上配料：先放普罗沃拉奶酪，再放西葫芦花。

撒上黑胡椒粉，尽情享用吧！

小罗莎油炸比萨料理

芝麻菜、小番茄、水牛奶马苏里拉奶酪

准备：10分钟
制作：5分钟

6人食（多人分享1个美味比萨）
110~120克比萨面团（参见P.286）
3个小块水牛奶马苏里拉奶酪，每块25克
12~15个达特里诺小番茄①（鸽子心品种）
1把新鲜的芝麻菜
盐之花，黑胡椒粉

油炸工序
1升花生油

工具
1把漏勺
1个沥水器
吸油纸

芝麻菜洗净去梗，沥干水分备用。

小番茄洗净，一切两瓣。

向油锅内倒油，加热至合适的温度。

在薄撒一层面粉的工作台上，细致地摊开面团，用刀划出一道口子，使面饼在油炸的过程中能均匀地鼓起来。

将比萨拿起，迅速放入油中，避免粘到锅边。

用漏勺将没有浸入油中的一面浇上热油：面饼会被热度"吹"起来。当油中的一面着上了一层漂亮的金黄色之后，将比萨翻面炸，使另一面也着色——面饼炸至金黄酥脆，几乎焦化！

在吸油纸上沥干比萨，加上配料：先铺放芝麻菜和番茄，然后往上面放小块的水牛奶马苏里拉奶酪，再淋上少许橄榄油，最后撒上盐之花、黑胡椒粉调味。开始享用吧！

---

① 达特里诺小番茄：是一种与亚洲番茄品种杂交得到的番茄，皮薄，水分少，果肉紧实，甘甜。——译者注

恩佐·皮奇里罗

料理级油炸比萨

FRIGGITORIA
dal 1945

asardona

UNICA SEDE

传统食谱

托塔诺和帕尼泰罗的面团

在复活节——托塔诺是封斋期末人们庆祝春天到来的一个传统食谱。订单从遥远的地方发来，因为远在异乡又思念家乡美味的那不勒斯人众多：他们从那不勒斯，从整个卡帕尼亚（Campagnie）地区，也有从罗马或者米兰打来电话，在恩佐的送货单上登记姓名和地址。

每逢节庆，恩佐这位白天的比萨大厨，晚上就开始马不停蹄地准备：250个，300个，……，500个？4月我就在那边。一大早，恩佐和他的团队就开始打包托塔诺和夹馅比萨。把它们装进漂亮的节日礼盒中，堆放在店面后边。不是1个，也不是10个，而是30个托塔诺！不是1个，也不是10个，而是30个夹馅比萨！一辆汽车停在拉·马萨尔多娜比萨店前，司机下车将这些礼盒全部带走！那是一位非常有名的那不勒斯籍歌手订的，他生活在罗马：这些托塔诺和夹馅比萨将会于当晚分给他所有的朋友，每个人的盘子里都有一小块那不勒斯的味道！幸福，恩佐难以掩饰自己内心的幸福感——连他蓝色的眼睛都在笑……

....

准备： 30分钟

发酵： 2小时（+托塔诺和帕尼泰罗装好馅料后的发酵时间）

制作10个帕尼泰罗或2个大份托塔诺

1千克00面粉

25克盐

0.55升常温水

80克熬猪油

1小撮糖

30克面包酵母

....

在揉面盆中注入水，加盐、糖、熬猪油和酵母并搅拌均匀，逐渐地将面粉均匀撒入混合。

用力揉面，双拳交错轻轻揉压，使其氧化柔软，慢慢成形。揉面约进行15~20分钟，直至面团光滑、均匀。

当面团吸收了全部的面粉（揉面盆的侧边和底部都干净时），取出面团放在工作台上继续揉大约10分钟，以一种拉伸/按压的方式让面团充气边被拉抻。

将面团切成：

• 若干30克小面团，准备做蒙特娜拉比萨。

• 若干60~65克小面团，准备做帕尼泰罗。

• 若干约800克面团，准备做托塔诺。

将准备做蒙特娜拉比萨和帕尼泰罗的面团摆在薄撒面粉的平盘上，彼此保持间隔。

将准备做托塔诺的面团分别装进足够大的沙拉碗中（待发酵结束时，面团的体积会增大）。

盖上一块干净的布，放在干燥、暖和、不通风的地方发酵2小时（蒙特娜拉比萨则需要6小时）。

第一轮发酵时间一到，在薄撒一层面粉的工作台上用指尖迅速摊开面团，无须太细致。

到了之后，在轻撒面粉的工作台上用指尖迅速铺开面团，不需要太细致。放馅料，继续发酵（参见后面制作托塔诺和帕尼泰罗的食谱）

放进烤箱，然后享用美味！

建议

你可以用自动和面机制作面团，以1挡速和面20分钟，这样可以使面团充分氧化而不会过热，然后在工作台上继续揉面并摊开面团。

恩佐·皮奇里罗

传统食谱

托塔诺

罗马绵羊奶酪、那不勒斯萨拉米、猪油渣、鸡蛋

托塔诺的美味在于其配料的慷慨丰富。恩佐的守则非常简单：无论你的托塔诺是多大尺寸，馅料（鸡蛋、萨拉米、绵羊奶酪、猪油渣）的重量应该和面饼的重量相等。

托塔诺的美味同样需要一点耐心。刚出炉的时候，你恨不得马上送到口中？坚持住！

托塔诺不宜趁热吃：凉到温一些的时候，当它散去了所有的潮气，当不同配料的香味有充分的时间挥发并熏香了面饼的时候更好吃。

....

准备： 20分钟

装好馅料的托塔诺发酵时间： 2小时
（+2小时的原始发酵时间，参见P.324）

烤制： 1小时

6~8人食（分享1个重约1.5千克的托塔诺）
800~850克托塔诺面团（参见P.324）
4~5个水煮鸡蛋
150克那不勒斯萨拉米
150克罗马绵羊奶酪（精炼羊奶酪，一块科西嘉羊奶酪就非常合适）
300克猪油渣
黑胡椒粉
橄榄油或熬猪油

工具
1个制作萨瓦兰蛋糕的金属模具，中间有直径为30厘米的小烟囱

用刷子将模具刷上橄榄油（或熬猪油）。

萨拉米、绵羊奶酪和猪油渣切成小块。水煮蛋一切四瓣。

在薄撒一层面粉的工作台上，用指尖摊开面团，形成一个大的长方形，撒上黑胡椒粉。

将所有的馅料铺放在面饼上，千万不要加盐——萨拉米、绵羊奶酪和猪油渣带的盐分就足够让托塔诺有咸味了！

卷封托塔诺：把面饼卷起来，每卷一下就收紧一些，然后盘成一个王冠的样子。

将托塔诺放进模具，盖上一块干净的布，放在干燥、暖和、不通风的地方发酵2小时。

发酵时间一到，将烤箱预热至200℃。

用刷子将面卷刷上橄榄油（或熬猪油），放进烤箱烤大约1小时——烤至托塔诺全熟、金黄。

将托塔诺凉到温一些，然后切成厚片，细嫩喷香……无法抵挡的美味！

苦苣菜托塔诺

苦苣菜、水牛奶普罗沃拉奶酪

我是在恩佐店里第一次吃到苦苣菜托塔诺的：在那不勒斯，有苦苣菜比萨和苦苣菜派，却没有苦苣菜托塔诺。这是为什么呢？

传统自有其奥妙……甚至连恩佐自己也只为家里人做苦苣菜托塔诺。如果你想去他店里吃到这道比萨，那得先赢得他的友谊！否则，你就自己动手做吧——为你和你爱的人准备这道美食！

....

准备： 25分钟

装好馅料的托塔诺发酵时间： 2小时
（+2小时原始发酵时间，参见P.324）

烤制： 1小时

6~8人食（分享1个重约1.5千克的托塔诺）

800~850克托塔诺面团（参见P.324）
100~150克水牛奶普罗沃拉奶酪（如果没有，就用软
  糯、易融于口的奶酪，中熟）
现磨黑胡椒粉

苦苣菜预处理

3~4棵苦苣菜（菜心）
1瓣新蒜（或去芽蒜）
3~4勺松子
3~4勺葡萄干
3~4勺黑橄榄
橄榄油或熬猪油，盐

工具

1个制作萨瓦兰蛋糕的金属模具，中间有直径为30厘米
  的小烟囱

橄榄去核，切成小圆片。

普罗沃拉奶酪切成小块。

苦苣菜择叶，洗净，在加了少许盐的沸水中抄一下，用手挤干水分。

向平底锅中放入剁碎的蒜末，8~10勺橄榄油，再加入松子、橄榄和葡萄干。

然后放入苦苣菜大火煎炒4~5分钟，使水分完全蒸发，尝试味道后凉凉。

用刷子将模具刷上橄榄油（或熬猪油）。

在薄撒一层面粉的工作台上，用指尖摊开面团，形成一个大的长方形，撒上黑胡椒粉。

将苦苣菜和普罗沃拉奶酪放在面饼上。

卷封托塔诺：把面饼卷起来，每卷一下就收紧一些，然后盘成一个王冠的样子。

将托塔诺放进模具，盖上一块干净的布，放在干燥、暖和、不通风的地方发酵2小时。

发酵时间一到，将烤箱预热至200℃。

用刷子将面卷刷上橄榄油（或熬猪油），放进烤箱烤45分钟至1小时——烤至托塔诺全熟、金黄。

将托塔诺凉到温一些，然后切成厚片，就可以享用了！

传统食谱

帕尼泰罗

猪油渣、绵羊奶酪、鸡蛋

帕尼泰罗是更小版本的托塔诺，单人份，不够多人共享！

恩佐一般不在他做的帕尼泰罗里加萨拉米，除非食客要求他这么做。他的食客们喜欢提些要求，而恩佐也乐意满足他们。从他的烤炉中端出来的有加萨拉米但不加胡椒的帕尼泰罗，有加番茄酱但不放鸡蛋的，也有加普罗沃拉奶酪或者里科塔奶酪的……为了给每个"特别定制款"的帕尼泰罗做记号，恩佐会在卷起来的帕尼泰罗上，将不同的木头或者金属小标签插入帕尼泰罗柔软喷香的面饼中……

每一个帕尼泰罗皆是如此！

....

准备： 20分钟

装好馅料的帕尼泰罗发酵时间： 2小时
（+2小时原始发酵时间，参见P.324）

烤制： 35~40分钟

6个帕尼泰罗（1个帕尼泰罗的分量乘以6）
120~130克的托塔诺面团（2团，参见P.324）
1/2个煮鸡蛋
30克绵羊奶酪
70克猪油渣（热肉酱）
现磨黑胡椒粉
橄榄油或熬猪油

工具
6个直径为10厘米的蛋挞金属模具

用刷子将模具刷上橄榄油（或熬猪油）。

绵羊奶酪和猪油渣切成小块。

煮鸡蛋一切四瓣。

在薄撒一层面粉的工作台上，用指尖摊开每个面团，形成蛋挞模具大小的面饼，然后在每个模具底部放一个面饼，不要粘到边缘。

用叉子在面饼上扎些孔，然后在中间加馅料（要留出1厘米左右的边缘部分）：先铺撒猪油渣、绵羊奶酪和煮鸡蛋，再撒上黑胡椒粉，千万别放盐——绵羊奶酪和猪油渣就足以使帕尼泰罗变咸了！

然后将另一张面饼覆盖在上面，用指尖轻压以黏合边缘。

盖上一块干净的布，将帕尼泰罗放在干燥、暖和、不通风的地方发酵2小时。

发酵时间一到，将烤箱预热至200℃。

用刷子将帕尼泰罗刷上橄榄油（或熬猪油），放进烤箱烤30~45分钟——烤至帕尼泰罗全熟、金黄。

将刚出炉的帕尼泰罗凉到温一些，就可以享用了！

蒙特娜拉比萨

番茄酱、帕尔马奶酪、罗勒

喝开胃酒时的欢乐享受——你的宾客一定会喜欢，然后爱屋及乌地喜欢上你！

小蒙特娜拉比萨堆起的一座小山，几片烤蔬菜，新鲜而多样的沙拉，色相颇佳的意大利熟猪肉烩制的奶油生菜浓汤，就是我们可爱的夏天啊！

油炸过的托塔诺面饼起了一层超乎寻常的酥脆，再来一口空气般轻薄精妙的蒙特娜拉比萨……开胃又爽口。从满口清新过渡到番茄熟透的饱和口感，一个接一个地享用……保你不后悔：一种纯粹的快乐，一种简单的快乐，使我们觉得一切都是美好的！

准备：10分钟
发酵：6小时
烤制：20分钟

10个蒙特娜拉比萨
10个小托塔诺面团，每个重量为30克（参见P.324）
10勺番茄酱
80~100克帕尔马奶酪（新鲜磨碎）
10片罗勒叶

制作番茄酱
200克番茄糊（罐头装）
1瓣蒜（剁碎）
1片罗勒叶
橄榄油
盐

油炸工序
2升花生油

工具
1个漏勺
1个沥水器
吸油纸

先准备番茄酱。在小平底锅中放入大蒜和少许橄榄油煎片刻，加入番茄糊，盖上锅盖小火煨10分钟。关火，加入一整片罗勒叶，放盐。

向油锅内倒油，加热至合适的温度。

在薄撒一层面粉的工作台上，用指尖将小面团都压成面饼，直径保持不变，不要太薄。从工作台上拿起面饼，向外拉抻变大。

将面饼拿起，迅速放入油中，避免粘到锅边。用漏勺将没有浸入油中的一面浇上热油：面饼会被热度"吹"起来。当油中的一面着上了一层漂亮的金黄色之后，将面饼翻面炸，使另一面也着色——面饼炸至金黄酥脆，几乎焦化！

在吸油纸上沥干比萨，然后给每个油炸面饼加上配料：1勺番茄酱、帕尔马奶酪碎和1片罗勒叶。尽快享用你的蒙特娜拉比萨！

传统食谱

恩佐·皮奇里罗

制作方法

夹馅比萨的黄油面饼

· ·

准备： 15分钟

放置： 1小时

制作2个直径为30厘米的夹馅比萨

1千克00面粉

300克细砂糖

300克熬猪油（或搅打软黄油）

0.25升水

2~3小撮盐

在薄撒一层面粉的工作台上，将面粉、细砂糖和盐搅拌在一起。

加入熬猪油：两手轻搓，将熬猪油在手指的作用下混合到面粉和细砂糖中。重复这个动作，直到得到一团粗糙的面絮，挖出一个洞，慢慢加水，然后迅速地揉面。揉至面团光滑、柔软、均质且不粘手的时候即可——如果揉过了，面团就会变得易碎。

将揉好的面团切成四份（这个分量的面团可供你做2个夹馅比萨）：大约是2块400克的和2块500克的。将面团揉圆，用保鲜膜包裹，放入冰箱至少静置1小时。这个静置时间是必需的，因为这样可以避免面团在烤制过程中收缩。

你也可以用和面机来准备面团，采取同样的方式，1挡速和面10分钟左右，不要过多地使面团受热，然后将面团放到工作台上揉至光滑、柔软且不粘手。

建议

到底是用黄油还是熬猪油好呢？

恩佐的面团是掺了熬猪油的，非常柔软且可塑性高——口感好，质地香甜酥脆。

所以，我之后每次都用熬猪油！

夹馅比萨

菲罗迪拉奶酪、里科塔奶酪、那不勒斯萨拉米

在那不勒斯，一切都是比萨，甚至派都被叫作比萨！

大罗莎负责准备夹馅比萨的馅料，她一丝不苟地执行着这个任务，尤其是在糖的分量把控上，像使用精细香料那样来撒糖。

准备： 20分钟
烤制： 1小时

6~8人食（分享1个直径为30厘米的夹馅比萨）
1个500克的面团和1个400克的面团（参见P.334）
750克里科塔奶酪
100克菲罗迪拉奶酪或A.O.C.水牛奶马苏里拉奶酪
100克那不勒斯萨拉米
1个鸡蛋
3小撮糖
3小撮黑胡椒粉
1小撮盐

工具
1个直径30厘米、厚度3厘米的奶油水果派金属模具

菲罗迪拉奶酪和那不勒斯萨拉米切成小块。

将鸡蛋的蛋清和蛋黄分离。

在一个沙拉碗中，用叉子或者打蛋器搅拌混合所有的配料（除蛋清之外，进炉烤制之前需要将蛋清涂抹在比萨上）。

预热烤箱至200℃。

用500克的面团做派的底胚，在薄撒一层面粉的工作台上，细致地摊开面团，将面饼铺满模具，立起一个高度为3厘米的边缘。用刀将超过边缘的多余面饼去掉。然后用叉子在模具中的面胚上扎小孔。

放上馅料，将400克的面团摊开成模具一般大小的面饼并覆盖住馅料。用指尖轻压粘好边缘，并将边缘多余的部分用刀去掉。

用刷子将比萨表面刷上蛋清，然后用叉子扎一些小孔。

放入烤箱烤大约1小时。

在烤到一半的时候，把温度调至180℃。

烤至馅料熟透，面饼全熟且下两面金黄。凉到温一些的时候从模具中取出并享用。

小窍门

不需要在模具上涂抹黄油，因为熬猪油做的面团中已经包含了油脂。

恩佐·皮奇里罗

传统食谱

洛可可饼干

圣诞节的香料饼干，非常酥脆

这是他的祖母安娜·拉·马萨尔多娜（Anna la Masardona）的食谱……

....

准备：20分钟

放置：2小时

烤制：30分钟

制作25~30块洛可可饼干（根据实际大小调节配料用量）

500克00面粉

450克糖

1小包香草糖

300克带皮杏仁（整颗）

25~30克蜂蜜

0.15升水

1/2小咖啡勺臭粉[1]

15克香料酱[2]（4种香料的典型混搭：肉桂、肉豆蔻、丁香、小豆蔻）

15克糖渍雪松（切成小块，如果没有就用糖渍橙皮代替）

1个未经处理的橙子剥下来的橙皮

1个整鸡蛋（用来做涂在糕点上的蛋黄酱）

烘焙杏仁：将杏仁放在一个铺了硫化纸的烤盘上，放入烤箱，200℃烤几分钟，静置放凉。

准备面团：在工作台上把面粉围成一圈，将所有的配料都放在面粉中央，开始揉面，揉到面团不粘工作台为止——面团柔软均质，揉成一个圆球体，裹上保鲜膜，在冰箱中静置2小时。

预热烤箱至180℃。

将面团切分成25~30小块，然后在工作台上分别滚揉成一条条不太粗的面绳，再把面绳盘成环形，放在一个铺硫化纸的烤盘上，放入烤箱烤15分钟。

拿出烤盘，将鸡蛋液和水搅拌均匀，用刷子刷在这些洛可可饼干上。重新进烤箱烤10分钟。

取出烤盘，第二遍刷蛋液。放入烤箱再烤5分钟——烤至洛可可饼干熟香、金黄酥脆。

熄灭烤箱，将洛可可饼干留在烤箱中静待其"饼干化"（晾干）。

待其完全冷却，就可以享用美味了。

你也可以用和面机来准备面团。将所有的配料同时倒入和面机搅拌槽内，逐渐加水，固定在1挡速和面（避免搅碎杏仁）。揉至面团不粘槽底和侧边为止。取出面团，揉成一个圆球体，裹上保鲜膜，在冰箱中静置2小时。

美味 小贴士

　　将洛可可饼干装入金属盒子中，放在干燥的地方可轻松保存1个月。

[1] 臭粉：是一种做西式甜品时用的膨松剂。——译者注

[2] 香料酱：原文"pisto"。——译者注

那不勒斯小炸物

意面蛋饼

煎蛋饼

"边炸边吃"说的是那不勒斯人：一出油锅就得送进嘴里！

那不勒斯的小炸物是用手直接拿着吃的，稍一沥干，还冒着烟，热气腾腾的……

小罗莎来准备这款美味的意面蛋糕，利用这个机会，我跟她学习了一个新词："arrusticare"。用纯粹的那不勒斯话，我翻译成"使上色并变得酥脆"。

事实也正是如此，蛋饼呈现一种漂亮的深焦糖色，而且表面酥脆，非常的"arrusticare"。这道点心完全是一种艺术，需要长时间精心打造。

准备：15分钟
烤制：55分钟

8~10人食（分享1个直径30厘米的蛋饼）
500克直身形通心粉
9~10个鸡蛋
60~80克罗马绵羊奶酪（新鲜磨碎）
50~60克帕尔马奶酪（新鲜磨碎）
橄榄油
盐，黑胡椒粉

工具
1个深凹的长柄不粘锅，直径30厘米，带锅盖

在大平底锅中煮通心粉，水要轻轻沸腾，加入少许盐。

待通心粉煮得嚼起来非常有弹性，沥干水分备用。

在一个沙拉碗中，均匀搅拌所有配料：通心粉、提前搅碎的鸡蛋、两种奶酪。放盐（非常少量，通心粉本身就是咸的，再加上奶酪也会带来它们本身的味道），放黑胡椒粉调味。

向长柄锅中加入少许橄榄油，放入通心粉，盖上锅盖，小火煎40~45分钟。

煎至一半时，把蛋饼扣在锅盖上，翻面滑入锅中继续煎。

翻转锅的时候，锅盖顺便稍微倾斜一点，以沥掉蛋饼的水分。

煎至蛋饼两面都金黄、酥脆。

美味不用等！马上享用吧：切成厚片，还冒着烟，用手拿着吃！

美味小贴士
　　向通心粉中加入50克火腿薄片和50克水牛奶普罗沃拉（切成小块）。

小意面蛋饼

小煎蛋饼

你可以提前做好蛋饼，吃之前只要在烤箱中热一下就行。

别浪费！在给蛋饼裹上面包屑之后，筛一下剩下的面包屑，下回再做蛋饼时还可以用。

准备： 20分钟
放置： 12+2小时
烤制： 30分钟

工具
1个32厘米×32厘米的烤盘
可拉伸保鲜膜
吸油纸

制作16个蛋饼
1千克直身形通心粉（煮至富有弹性，不要太软）
1个整鸡蛋和3个蛋黄（打匀）
100克火腿薄片（切成小块）
100克罗马绵羊奶酪（新鲜磨碎）
300克新鲜（或者速冻的）四季豆（煮至有弹性，不要太烂熟）
盐，黑胡椒粉

制作奶油白酱
1升全脂牛奶
150克黄油
150克面粉
1~2小撮肉豆蔻
盐

油炸工序
3~4个蛋清（打匀）
500克细面包屑
2升花生油

　　提前一天晚上开始准备通心粉和四季豆。

　　准备奶油白酱：在一只平底锅中将黄油加热熔化，然后掺入面粉并搅拌以避免结块。加入牛奶，一直搅拌至沸腾，煮2~3分钟后加入肉豆蔻和盐。

　　在一只大沙拉碗中放入通心粉，加入还温热的奶油白酱，掺入搅打好的鸡蛋、火腿、绵羊奶酪和四季豆。试尝，调味。

　　将通心粉放入烤盘中并铺满烤盘，封上保鲜膜，用叉子在保鲜膜上扎些小孔以避免蒸汽冷凝。用擀面杖在封上保鲜膜的烤盘上滚动以夯实通心粉，并将烤盘整夜静置在冰箱中以使通心粉变得更加硬实。

　　第二天，用刀或切饼机将面饼切成8厘米×8厘米见方。

　　用漏勺将小蛋饼放进打好的蛋清液中，沥干。然后在一个汤盘里加入面包屑，将小蛋饼放入其中，裹上一层面包屑（适量）后取出。在冰箱中静置至少2小时，使面包屑被吸附。

　　在油锅中加热花生油，未至冒烟时将小蛋饼浸入油中炸——炸至两面均金黄酥脆。放在吸油纸上沥干，然后马上享用！

炸米团

阿尔博里奥米、火腿、罗马绵羊奶酪、番茄肉酱

准备： 20分钟

静置： 12+2小时

制作： 50分钟

制作12~15个炸米团

（可根据实际大小调整配料用量）

1千克阿尔博里奥米

100克黄油

1/2个洋葱（切成薄片）

100克火腿片（切成小丁）

1小杯马莎拉葡萄酒

1~1.5升水

100克罗马绵羊奶酪（新鲜磨碎）

1大碗番茄肉酱

1个整鸡蛋和2个蛋黄（打匀）

5勺奶油（全脂浓稠奶油）

几片欧芹叶（磨碎）

盐，黑胡椒粉

快速制作番茄肉酱

150克瘦肉馅

200克番茄酱

1/2个洋葱（切成薄片）

1片罗勒叶

橄榄油

盐

油炸工序

3~4个蛋清（打匀）

500克细面包屑

2升花生油

工具

1个烤盘

可拉伸保鲜膜

吸油纸

提前一天晚上开始准备大米。

在炒锅中用黄油煎洋葱，加入火腿和大米，翻炒，倒入马莎拉葡萄酒，再倒入1升水，中火煮至完全沸腾（约15~18分钟）。必要时，可在煮的过程中加入少量水。

准备番茄肉酱：在小平底锅中用少许橄榄油煎洋葱，加入肉馅，炒2~3分钟使其上色，再加入番茄酱，盖上锅盖煮15分钟。关火，加入一整片罗勒叶，放盐调味。

关小火，加入番茄肉酱、奶油和鸡蛋液搅拌均匀，大米要煮至轻微黏黏而密实，关火，加入绵羊奶酪和欧芹。试尝，调味。

将米饭放入烤盘中，封上保鲜膜，用叉子在保鲜膜上扎些小孔以避免蒸汽冷凝。将烤盘整夜静置在冰箱中以使米饭变得更加硬实。

第二天，制作炸米团。双手轻涂橄榄油，做大米丸子：大点、小点可随意，圆的或有轻微尖头的都可以。

用漏勺将米团放进打好的蛋清液中，沥干。然后在一个汤盘里加入面包屑，将米团放入其中，裹上一层面包屑（适量）后取出。在冰箱中静置至少2小时，使面包屑被吸附。

在油锅中加热花生油，未至冒烟时将米团浸入油中炸——炸至每一面都金黄酥脆。放在吸油纸上沥干，然后马上享用！

美味小贴士

你可以提前制作好炸米团，吃之前热一下就行。

有时候恩佐会用普罗沃拉奶酪块和橄榄油煎过的苦苣菜做炸米团的馅料。

请注意恩佐的精妙之处——用一小杯马莎拉葡萄酒来润泽大米……

可乐饼

土豆、罗马绵羊奶酪、欧芹

你可以提前制作可乐饼，吃之前在烤箱中加热一下就行。也可以用小块的普罗沃拉奶酪和火腿做可乐饼的馅料。

....

准备： 30分钟

静置： 12+2小时

制作： 50分钟

制作10~12个可乐饼
（可根据实际大小调整配料用量）

1千克新鲜、硬实的土豆

100克罗马绵羊奶酪（新鲜磨碎）

1个整鸡蛋

1/2捆欧芹（切碎）

盐，黑胡椒粉

油炸工序

3~4个蛋清（打匀）

500克细面包屑

2升花生油

工具

1个烤盘

可拉伸保鲜膜

吸油纸

提前一天晚上开始准备。

土豆洗净，不要去皮。

在一只大平底锅中，用沸水煮土豆，加少许盐，至土豆煮得熟软——用刀扎几下试试，刀锋要能轻松扎透土豆。

土豆去皮，用捣具捣成土豆泥，不要用搅拌机，那样做出来的土豆泥太黏稠，做不了可乐饼！

加入鸡蛋液、绵羊奶酪和切碎的欧芹，撒入大量的黑胡椒粉。试尝，调味。

如果土豆泥太软了，可将土豆泥放进一只不粘锅中，小火使土豆脱水几分钟，并不停地轻轻搅动。

将土豆泥放入烤盘中，封上保鲜膜，用叉子在保鲜膜上扎些小孔以避免蒸汽冷凝。将烤盘静置在冰箱一整夜，使土豆泥变得硬实。

第二天，开始制作可乐饼。双手涂上少量油（使土豆泥不粘手），将土豆泥搓揉成椭圆形丸子，大小随意。

用漏勺将可乐饼放进打好的蛋清液中，沥干。然后在一个汤盘里加入面包屑，将可乐饼放入其中，裹上一层面包屑（适量）后取出。在冰箱中静置至少2小时，使面包屑被吸附。

在油锅中加热花生油，未至冒烟时将可乐饼浸入油中炸——炸至每一面都金黄酥脆。放在吸油纸上沥干，然后马上享用！

如果你是第一次炸可乐饼，它们大小形状不一，细致又酥脆的外皮有点脱落、熔化，你无须担心，那说明你正在制作真正的可乐饼，家庭手作！就像我姑姑做的可乐饼一样！

阿尔芭的食谱

我回到巴黎，恩佐·皮奇里罗油炸比萨的味道还完好地在我口齿间萦绕……为了缓解对那不勒斯的思乡之情，我又开始做比萨了。我训练自己，做测试……搞创作，并且下决心下一回的那不勒斯之行要让他尝尝我自己做的炸小面团，所有的小油炸比萨——金黄的面块儿，装载着美味绝伦的馅料。

马伊达美味果酱炸小面团

马伊达美味果酱

拉斐尔·巴尔洛提（Raffaele Barlotti）——恩佐·科西亚所用的马苏里拉奶酪、普罗沃拉奶酪、里科塔奶酪和水牛肉的供应商，通过他的引荐，我有幸品尝到了弗朗西斯科（Francesco）和法布里齐奥·巴斯托拉（Fabrizio Vastola）父子的优质产品。他们深爱着家乡齐伦托这片土地，于是创立了"马伊达"（Maida）——一个家族手工罐头食品厂，匠心工艺，将这片美丽热土所生产的好东西都装进罐头瓶中……

对我来说，马伊达生产着"延缓的幸福"——食材随着季节的更替而逝去，然而这些漂亮的罐头食品的好处就在于为我们延缓了些许流逝的时光！

于是我将他们绝佳的果酱带给了恩佐：橙子-雪松-洋葱-生姜、齐伦托白无花果、帕埃斯图姆黄樱桃番茄和甜椒……

我们一起准备了这些美味的小点心。这些炸小面团，根据你选用的果酱和印度酸辣酱，会呈现出令人惊奇的效果。在品尝生火腿或者细腻的奶酪时，它们也是不错的佐餐选择！

准备： 30分钟
制作： 15分钟

制作10个炸小面团
10个30克比萨小面团（参见P.324）
不同口味的美味果酱和/或印度酸辣酱

油炸工序
2升花生油

工具
1个漏勺
1个沥水器
吸油纸

将每个小面团切分成两块，每块15克。

向油锅内倒入花生油，加热至合适的温度。

在薄撒一层面粉的工作台上，用指尖按压开面团，将它们做成统一大小的面饼（如同酥饼干大小）。

在面饼的半边放上馅料，用一只小咖啡勺涂抹你选择的果酱。果酱要抹在中心，四周留出一些边缘。

将面饼的另外半边折叠盖住馅料，使边缘重叠，然后捏合边缘并压平凸起的部分：先用指尖，然后用拳头转圈轻压边缘部分。将面饼从工作台上拿起，轻轻向外拉抻变大。

拿起装好馅料的小面团，迅速放入油中，避免粘到锅边。用漏勺将没有浸入油中的一面浇上热油：小面团会被热度"吹"起来。当油中的一面着上了一层漂亮的金黄色之后，将小面团翻面炸，使另一面也着色——炸至两面金黄酥脆，几乎焦化！

在吸油纸上沥干炸小面团，马上享用吧！

食谱表

恩佐·科西亚（ENZO COCCIA）

报道比萨店（PIzzAria La Notizia）

西罗·科西亚（CIRO COCCIA）

幸运比萨店（Pizzeria Fortuna）

食谱表

恩佐 · 皮奇里罗（ENZO PICCIRILLO）

拉 · 马萨尔多娜比萨店（*La Masardona*）

图书在版编目（CIP）数据

比萨 /（意）阿尔芭·佩佐内（Alba Pezone）著；
（法）劳伦斯·穆通（Laurence Mouton）摄影；王大
莹，孙晓丹译. —北京：中国轻工业出版社，2021.11
　　ISBN 978-7-5184-3685-9

　　Ⅰ.①比… 　Ⅱ.①阿… ②劳… ③王… ④孙…
Ⅲ.①面食—食谱　Ⅳ.①TS972.132

中国版本图书馆 CIP 数据核字（2021）第 197279 号

版权声明：

Pizza© Hachette Livre (Marabout), Vanves, 2012.
Texts by Alba Pezone , illustrations by Laurence Mouton
Simplified Edition arranged through Dakai - L'Agence

策划编辑：罗晓航

责任编辑：罗晓航　　　责任终审：劳国强　　封面设计：伍毓泉
版式设计：锋尚设计　　责任校对：宋绿叶　　责任监印：张　可

出版发行：中国轻工业出版社（北京东长安街6号，邮编：100740）
印　　刷：鸿博昊天科技有限公司
经　　销：各地新华书店
版　　次：2021年11月第1版第1次印刷
开　　本：889×1194　1/16　印张：22.5
字　　数：500千字
书　　号：ISBN 978-7-5184-3685-9　定价：188.00元
邮购电话：010-65241695
发行电话：010-85119835　传真：85113293
网　　址：http://www.chlip.com.cn
Email：club@chlip.com.cn
如发现图书残缺请与我社邮购联系调换
191115S1X101ZYW